不值得定律

如何在纠结的世界活出不纠结的人生

李文静 著

前言 PREFACE

《吐槽大会》上,李诞一句"人间不值得"圈粉无数。很多人以此为座右铭,大呼人间不值得。但他后来对此解释过,"人间不值得,是不值得你为它付出任何感情,也不值得你不为它付出任何情感。就是不要在意它,不要较劲。要么跳过,要么行动,不要纠缠"。难得来人间一趟,自然是要好好地生活,何必为了一些小事给自己添堵呢?学会"不值得定律",才可以在纠结的世界里活出不纠结的人生。

人生有苦也有甜,有喜就有悲。生活总是变幻莫测,让我们捉摸不透,然而,我们又不得不去面对生活赋予我们的一切。有些事,如梦中花,开了又谢;有些事,如山中雾,聚了又散。纵使心中有千万个不舍,但我们知道,我们尝试过了、努力过了,这便已足够。得与失、成与败,不在于客观存在的好坏,全在我们自己的心如何看。人生本无所谓输赢,只有太纠缠,才让你真正地输了。

"日出东方落西山,愁也一天,喜也一天;遇事不钻牛角尖,身也舒坦,心也舒坦。"

遇事不钻牛角尖，就是不纠缠。不纠缠的人凡事不与人斤斤计较，能将心胸放开；不纠缠的人对别人会多一些宽容与包容，多一些谅解与理解；不纠缠的人不执着于事，懂得变通，遇到拐角会转弯；不纠缠的人善取会舍，能屈能伸，能将心中仇恨放下，能多一些感恩……试想，如果我们事事纠缠，眼睛里容不得半粒沙子，过于挑剔，什么小事情都论个是非曲直，得理不饶人，那身边的朋友或家人都会躲得远远的，只剩下你一个孤家寡人，这样的生活又有什么意义呢？所以，不纠缠是处世的大智慧，是一种以博大的胸怀为基础的智慧。只有不纠缠，才能在善待他人的同时成全自己。

如果说生命中的痛苦是无法自控的，那么我们唯有改变自己对事实的看法，通过内心的调整去适应、去承受必须经历的苦难，才能获得人生的愉悦。本书将教会读者如何以"不值得"的心态去对待幸福、爱情、金钱、欲望、名利、权力、心态、苦难、失败、生活、健康、生命、快乐、工作等方方面面的人生问题。一个人有了海阔天空的心境和虚怀若谷的胸怀，就能自信达观地笑对人生的种种困难和逆境，并从中解脱出来，视世间的千般烦恼、万种忧愁如过眼云烟，不为功名利禄所缚，不为得失荣辱所累，就能以"不值得"的大度去容忍别人和容纳自己，遇事想得开、拿得起、放得下，得之淡然，失之泰然。

目录 CONTENTS

第一章

减法原理：生活越简单，精神越丰盛
——多余的负累，不值得背负

奥卡姆剃刀定律：把握关键，化繁为简	002
剔除生命中无用的东西	005
简单是一种更加深入、有意识的生活	007
别让面子问题把生活搞复杂	009
太忙碌，会错失身边的风景	011
给幸福的生活脱去复杂的洋装	013
剪掉不必要的生活内容	015
在人生路上轻装前行	017
给人生来次大扫除，留下最需要的东西	020

第二章
布袋效应：放下，刹那花开
——不属于自己的，不值得执着

布袋效应：幸福往往就在一拿一放之间　024
智慧的人懂得适时放手　026
得到未必幸福，失去未必痛苦　028
失去可能是一种福音　030
多求则穷，喜舍致富　032
想抓住的太多，能抓住的太少　034
与其抱残守缺，不如断然放弃　037
不要害怕放弃美好的东西　039
勇于选择，果断放弃　042
紧紧攥住黑暗的人永远看不到阳光　044
不舍弃鲜花的绚丽，就得不到果实的香甜　046

第三章
庸人效应：世上本无事，庸人自扰之
——无意义的小事，不值得计较

庸人效应：世上本无事，庸人自扰之　　050
世上没有任何事情是值得忧虑的　　051
理清思绪，改变自己　　053
生命短促，不要过于顾忌小事　　056
人生的快乐不在于拥有的多，而在于计较的少　　057
放开自己，不纠结于已失去的事物　　059
睁一眼闭一眼，对小事不予计较　　061
懂得放弃，内心的格局便开朗了　　063
难得糊涂是良训，做人不要太较真　　065
不要为了无聊的事小题大做　　067

第四章

迪斯忠告：活在当下最重要
——过去与未来，不值得忧心

迪斯忠告：活在当下最重要	070
无论身处何地，全然地处于当下	072
太多人习惯生活在下一个时刻	074
一切生活，唯有当下而已	077
只有现时的存在，才有真实的自己	080
将过去留在记忆里，重新起程	083
请关上过去的那扇门	086
每天都达成所愿，又何来明天烦忧	088
珍视今天，勿让等待妨害人生	090
不要奢望未来，享受此时此刻	092
眼光是为看到现时的喜乐而存在	094

第五章

酸葡萄定律：只要你愿意，总有幸福的理由
——得不到的事物，不值得拥有

酸葡萄定律：只要你愿意，总有理由幸福	098
身外物，不奢恋	100
放弃生活中的"第四个面包"	105
过多的欲望会蒙蔽你的幸福	107
远离名利的烈焰，让生命逍遥自由	110
知足可以挪去你的各种贪念	113
莫为名利诱，量力缓缓行	115

第六章

完美情结：既要马儿跑，又要马儿不吃草
——不现实的完美，不值得追求

完美只是海市蜃楼的幻想	118

不完满才是人生　120
　　苛求完美，生活会和你过不去　123
　　　绝对的光明如同完全的黑暗　125
　　思想成熟者不会强迫自己做"完人"　128
　　战胜缺点的过程就是凸显优点的过程　131
　　　向下比较，会看到别人比你更不幸　133
　　玫瑰有刺，完美主义者也应接受瑕疵　134
　　　　　过度挑剔不如充实自己　136
　　　　　　别为打翻的牛奶哭泣　138

第七章 7
野马结局：毁掉你的不是事情，而是心情
——无法挽回的事情，不值得生气

　　　野马结局：不生气是一种修行　142
　　　　　　人生不是为了生气　144

发脾气无助于我们希望的和平　　146

暴躁是发生不幸的导火索　　148

用沉默来回应无理　　152

第八章 8
但丁论断：走自己的路，让别人去说吧
——没必要的争论，不值得辩论

但丁论断：走自己的路，让别人去说吧　　156

不必为他人的眼光而活　　158

自己的人生无须浪费在别人的标准中　　160

你不可能让每个人都满意　　163

别为迎合别人而改变自己　　165

每个人都有自己的路　　168

你是独一无二的，要告诉世界"我很重要"　　170

责骂是人生的一首赞美诗　　172

第九章

牛角尖原理：人生处处有死角，要懂得转弯
——走错的方向，不值得坚持

牛角尖原理：人生处处有死角，要懂得转弯	176
变通，走出人生困境的锦囊妙计	178
掬一捧清泉，原来只需换个地方打井	181
从没有一艘船可以永不调整航向	184
与时俱进，随时进行自我更新	186
执着与固执只有一步之遥	190
无意义的坚持会让你走更多弯路	192
果敢放弃，不留丝毫犹豫和留恋	194
失败时，我们不妨换个角度思考	196
昂头走路时不忘低头看路	198

第十章

芳草理论：天涯生芳草，何苦纠缠不放
——失去的恋情，不值得留恋

芳草理论：天涯生芳草，何苦纠缠不放　202
没有放不下的情，只有活不明白的人　204
失去的是恋情，得到的是成长　206
果断地放下爱得太辛苦的人　210
缘分不可强求，是聚是散都应随缘　211
给爱一条生路，也是给自己一条生路　214
拥有时珍惜，失去时祝福　216
放手错误的爱，留下淡淡余香　218
别把感情浪费在不适合自己的人身上　220

1

... 第一章

减法原理：生活越简单，精神越丰盛

——多余的负累，不值得背负

一 奥卡姆剃刀定律：把握关键，化繁为简

奥卡姆剃刀定律，由英国奥卡姆的威廉提出来，指"如无必要，勿增实体"。在人们做过的事情中，可能大部分是无意义的，而常隐藏在繁杂事物中的一小部分才是有意义的。所以，复杂的事情往往可通过最简单的途径来解决，做事要找到关键。

近几年，随着人们认识水平的不断提高，"精兵简政""精简机构""删繁就简"等一系列追求简单化的观念在整个社会不断深入和普及。根据奥卡姆剃刀定律，这正是一种大智慧的体现。

如今，科技日新月异，社会分工越来越精细，管理组织越来越完善化、体系化和制度化，随之而来的，还有不容忽视的机械化和官僚化。于是，文山会海和繁文缛节便不断滋生。可是，国内外的竞争都日趋激烈，无论是企业还是个人，快与慢已经决定其生死。如同在竞技场上赛跑，穿着水泥做的靴子却想跑赢比赛，肯定是不可能的。因此，我们别无选择，只有脱掉水泥靴子，比别人更快、更有效率，领先一步，才能生存。换言之，就是凡事要简单化。

很多人会问："简单能为我们带来什么呢？"看了下面的例子，我们自然就会明白。

有人曾经请教马克·吐温："演说词是长篇大论好呢？还是短小精悍好？"他没有正面回答，只讲了一件亲身感受的事："有个礼拜天，我到教堂去，适逢一位传教士在那里用令人动容的语言讲述非洲传教士的苦难生活。当他讲了5分钟后，我马上决定对这件有意义的事捐助50元；他接着讲了10分钟，此时我就决定将捐款减到25元；最后，当他讲了1个小时后，拿起钵子向听众请求捐款时，我已经厌烦之极，1分钱也没有捐。"

在上面马克·吐温的例子中，我们发现，他通过自身的经历，向求教者说明：短小精悍的语言，其效果事半功倍；而冗长空泛的语言，不仅于事无益，反而有碍。

事实上，不仅语言如此，现实生活亦同样如此。这就要求我们学会简化，剔除不必要的生活内容。这种简化的过程，就如同冬天给植物剪枝，把繁盛的枝叶剪去，植物才能更好地生长。每个园丁都知道不进行这样的修剪，来年花园里的植物就不能枝繁叶茂。每个心理学家都知道如果生活匆忙凌乱，为毫无裨益的工作所累，一个人很难充分认识自我。

为了发现你的天性，亦需要简化生活，这样才能有时间考虑什么对你才是重要的。否则，就会损害你的部分天资，而且极有可能是最重要的一部分。

那么，我们如何来实现这种简化呢？很简单，就是重新审视你所做的一切事情和所拥有的一切东西，然后运用奥卡姆剃刀定律，舍弃不必要的生活内容。

博恩·崔西是美国著名的激励和营销大师，他曾与一家大型公司合作。该公司设定了一个目标：在推出新产品的第一年里实现100万件的销售量。该公司的营销精英们开了8个小时的群策会后，得出了几十种实现100万件销售量的不同方案。每一种方案的复杂程度都不同。这时，博恩·崔西建议他们在这个问题上应用奥卡姆剃刀定律。

他说："为什么你们只想着通过这么多不同的渠道，向这么多不同的客户销售数目不等的新产品，却不选择通过一次交易向一家大公司或买主销售100万件新产品呢？"

当时整个房间内鸦雀无声，有些人看着博恩·崔西的表情就像在看一个疯子。然后有一名管理人员开口说话了："我知道一家公司，这种产品可以成为他们送给客户的非常好的礼物或奖励，而他们有几百万名客户。"

最后，根据这一想法，他们得到了一笔100万件产品的订单。他们的目标实现了。

可见，不论你正面临什么问题或困难，都应当思考这样一个问题："什么是解决这个问题或实现这个目标的最简单、最直接的方法？"你可能会发现一个简便的方法，为你实现同一目标节约大量的时间和金钱。记住苏格拉底的话："任何问题最有可能的解决办法是步骤最少的办法。"正如奥卡姆剃刀定律所阐释的，我们不需要人为地把事情复杂化，要保持事情的简单性，这样我们才能更快更有效率地将事情处理好。

一 剔除生命中无用的东西

哲学界有一句名言叫作"拥有就是被拥有"。比如说，我拥有一辆汽车，那么就等于我同时被这辆车所拥有，因为我必须时常担心："我的车会不会被偷走？保险费是不是又该交了？"诸如此类的问题伴随着拥有这辆车同时到来。许多人常常会问："我拥有什么？"实际上，一个人"有"的越多，就越不"是"他自己，因为他拥有的越多，需要担心和关注的外部事物就越多，他就越没有时间去做他自己。

由此可知，拥有的东西太多并不是什么好事，人的生命内涵和注意力被分散了，最后反而使自己成了拥有物的奴隶，从而丧失了人生的意义。

当然，我们不可能什么都不拥有，而是不要去拥有一些不需要的东西。换言之，我们所拥有的东西必须是我们所能够掌握的，也就是要简化我们的生活。

有个亿万富翁，一天因为工作上的问题，他六神无主，烦躁不安。他的办公室空调开在适宜的温度上，然而，他还是觉得热，浑身要出汗。他踱步到窗前，顺着窗户向外看，只见一个拉板车的人正躺在夏日炎炎的大街上，呼呼地睡得正香，而给他抵挡太阳的仅仅是板车旁的一点点荫凉。富翁很纳闷儿，他问自己的助手，那个人在这种情况下怎么就睡得这么香呢？助手告诉富翁，你想让他睡不着吗，很简单，给他10万块钱。

于是，富翁按照助手的意思去做了。这下，那位拉板车的可真睡不着觉了。他拧拧自己的大腿，怀疑自己是不是在做梦，当他确信无疑时，他开始琢磨开了，这10万元该怎么花？他想买座别墅，可又不够。想买辆车搞出租，可是没有生意怎么办？想开个店吧，可亏本了又太可惜。就这样，他实在是不知道该怎样花这笔钱。于是日夜思考，觉也睡不好了，饭也吃不香，连拉板车也没心思了，弄得他直后悔，不该接受这笔钱。

拉板车的人在几乎一无所有的情况下可以睡得很香甜，而在拥有了对他来说很大的一笔钱后，却吃不香睡不好了。对他来说，不是他拥有了金钱，而是金钱这种所有物拥有了他。对于不能正确驾驭生活的人来说，金钱等实实在在的所有物是如此，一些心理上的"所有物"也同样能左右他的生活。

我们一定都有清理打扫房间的体会吧，每当整理好自己最爱的书籍、资料、照片、唱片、影碟、画册、衣物，把不需要的东西扔掉，之后你会发现：房间原来这么大，这么清亮明朗！

其实，我们的心灵也是一间房，也需要经常清理。心里堆积的东西太多了，人也会变成它们的"奴隶"，得不到放松。

一个人，在尘世间走得久了，心灵不可避免地会沾染上尘埃，使原来洁净的心灵受到污染和蒙蔽。心理学家曾说过："人是最会制造垃圾污染自己的动物之一。"的确，清洁工每天早上都要清理人们制造的成堆的垃圾，这些有形的垃圾容易清理，而人们内心诸如烦恼、欲望、忧愁、痛苦等无形的垃圾却不那么容易清理。因为，这些真正的垃圾常被人们忽视，或者，出于种种的担心与阻碍不愿去扫。譬如，太忙、太累，或者担心扫完之后，又会面对一个未知的开始，而你又不确定哪些是你想要的，万一现在丢掉，将来想要时却又捡不回来怎么办？

　　的确，清扫心灵不像日常生活中扫地那样简单，它充满着心灵的挣扎与奋斗。不过，你可以每天扫一点儿，每一次地清扫，并不表示这就是最后一次，而且没有人规定你一次必须扫完。但你至少要经常清扫，及时丢弃或扫掉拖累你心灵的东西。

　　有句话说得好，"简单是快乐，放弃是拥有"。不为太多的外物所累，人才能感受到轻松。灵魂才有空闲去感受生活中美好的东西。试着给自己的生活来一次大"清理"，看看哪些东西是必不可少的，哪些东西只会增加我们的负担。哪些想法是推动生活向更美好的方向发展，哪些想法只会让生命变得更累。留下真正需要的，摈弃哪些没有必要存在的，简约生活，你会发现，生活原来可以更美的！

一 简单是一种更加深入、有意识的生活

　　头上是万里无云的朗朗晴空，手中是沁人心脾的冰镇啤酒。停在这片光秃秃的灼热沙漠上的东一辆西一辆旅宿汽车和拖车的

门吱吱扭扭地推开了,"独身漫游者"俱乐部的一些成员到这漫漫荒原来享受一个下午的快乐时光。这数十名俱乐部成员全都是头发灰白的老者,而且全都是单身人士。他们聚集在一起开始饮酒、讲故事。这个俱乐部是在西部的高速公路上打发时间的、人数越来越多的退休者大军中的一支队伍,斯拉布城是他们的最新休憩地点。他们在临时搭起的帐篷上空升起美国国旗,国旗在沙漠的疾风中呼啦作响。伊尔玛·鲁思和她的两位朋友倚靠在一辆满是泥土的汽车尾部。她自豪地说:"我从1991年起就成了全职旅游者。这样的生活真自由。"他们三个人全都六十多岁了。霍西·罗思插言说:"你会认识到你根本不需要你的那些家当,而且一路上你会有许多新发现。"埃尔伍德·威尔逊问道:"你以为我们会愿意整天闲坐着不动吗?"他喝下一大口啤酒后说,"绝非如此。"上年纪了,住进退休者之家,日夜守在电视机旁,周日没完没了地招待儿女和孙辈,谁愿意过这样的日子?他们所向往的是没有尽头的公路,尤其是西部那些一流的高速公路。

  漫游在公路上,途中在像斯拉布城这样的地方宿营的老年人有多少,没有精确统计过。但是研究这种文化现象的学者相信他们的人数在百万以上,而且他们的队伍还在迅速扩大。现在已经有了专为以公路为家的老年人服务的医疗保险计划、网址和宿营地。因为提前退休的人有所增加,因为医学的进步使更多的老年人健康长寿,也因为现在有了像佛罗里达公寓一样舒适的新型车辆,所以以公路为家变成了一种比较容易适应的生活方式。许多人卖掉房子，把家当存放起来，把储备兑换成金钱，然后告别自己旧有的生活方式。他们乘坐各式各样的车辆，冬季穿行于西部广袤的沙漠，夏季漫游于太平洋西北沿岸茂密的森林。然后转动方向盘，开始新的游历。

有些人在公路上生活得太久，以至对任何其他生活方式都不能接受了。退休护士佩吉·韦布自5年前和她那退役的丈夫卖掉房子起，就一直驾车漫游。一天早上，她一边在画板上练习绘画一边说："我从未想到我会有这样的勇气。但是，我们的孩子都长大成人了。我们住在空空荡荡的房子里，不知该干什么。于是我们便上路了。现在我认为我永远不会再像以前那样生活了。"

也许，这种生活方式算得上是最彻头彻尾的"简单生活"了。人们都在通过自己独特的途径探索最简单的、最符合心灵需求的新生活方式，以替代目前日渐奢侈、日渐烦冗的生活方式。这也正是简单生活运动要做的事情。

一 别让面子问题把生活搞复杂

在我们的人际交往和处世过程中，面子是一个比较敏感的话题。生活中有很多"身不由己"的事情，明明是自己不愿意做的事情，碍于面子，咬紧牙关也要勉强为之，长此以往，觉得人情和面子成了交往中甩不掉的包袱，往往是表面上满脸堆笑，内心中却苦不堪言。

那么，我们要怎样才能甩掉面子的包袱，让自己轻松自在呢？我们来看下面故事中小包的例子：

小包是一家高新技术公司的老板。几年来，由于市场瞄得准，技术开发战略决策恰当，科技人员力量雄厚，经营管理科学，企业产值和利润大幅度上升，经济效益极好。因而引得许多人都想往这个单位钻。

一天，他的一个老上司打电话，想给他推荐一个职员，问他能否接收。碍于面子，就让老上司带着求职者来面试。面试结果，发觉很不理想，进入公司吧，养了个庸才，会造成公司进入制度破坏，而且进入口子过大过松影响公司长远发展；不接收吧，老上司以前待自己不错，碍于面子，不好拒绝。思前想后，小包想出了一个比较合适的处理办法。

小包首先请老上司和那个求职者参观了解一下公司各部门忙碌的情况和做事的难度，以及进人规章制度。接着向老上司汇报了在老上司以前指导下的发展情况，今年的承包合同指标。

"老上司，前几年，在您的指导下，公司发展很快，公司上下都非常感谢您的理解和支持。去年年初，我们按照您的指示修订和加强了管理制度和岗位用人制度，效果非常好，希望您能继续指导。对于您介绍的这个小伙子，所学专业与我们不对口，公司研究没有通过，也是怕影响公司今年的承包指标。如果没有别的适合单位的话，可先告诉我，我再想办法让他去试试。老上司，您看这样好吗?"

小包通过让他们了解实际情况,明确地说出事实"开诚布公"地拒绝了,即使不拒绝,求职者也很可能会畏缩。小包以老上司指导而定的制度,即大大恭维了老上司,给了他很大面子,同时又以制度和合同指标给老上司自己指出了"两难"境地。此外,以本单位不适合,还有别的单位可能接收,留给对方一个后路。这种拒绝法既不驳别人面子,又不为难自己。

面子已经成为很多人生活中甩不掉的包袱,大部分人觉得原本简单的生活也因此而变得复杂和不堪忍受。如果你要让自己的生活重回简单,你就要灵活处理生活中的人际交往,不要让面子成为你生活的包袱。

太忙碌,会错失身边的风景

生活中,无数人的口头禅是"我忙啊"。没时间回家看看,没时间与好友聚会,没时间慢慢恋爱,忙得无心,忙得无情。

事实上,要充分享受生活,就一定要学会放慢脚步。当你停止疲于奔命时,你会发现生命中未被发掘出来的美;当生活在欲求永无止境的状态时,你永远无法体会到生活的真谛。

虽然放慢脚步对一向急躁惯了的现代人来说是件难上加难的事,而且许多人对此根本就无暇考虑。但享受生活的一个重要条件就是，你必须注意自己的所作所为，然后放慢脚步。

因为总是在赶时间，所以我们很少有机会与朋友进行心灵的恳谈，结果我们就变得越来越孤独；因为忙碌，我们只知根据温度来添减衣服，却忽略了四季的更替，就这样不知不觉地过了一年又一年；因为忙得没有时间注意细微变化，我们甚至连身体有病的早期征兆都觉察不出来……

古人云："此生闲得宜为家，业是吟诗与看花。"这种寄生于绿柳红墙的庄园主情趣，现代人怕是难得再享受了。

英国散文家斯蒂文生在散文《步行》中写道："我们这样匆匆忙忙地做事、写东西、挣财产，想在永恒时间的微笑的静默中有一刹那使我们的声音让人可以听见，我们竟忘掉了一件大事，在这件大事中这些事只是细目，那就是生活。我们钟情、痛饮，在地面来去匆匆，像一群受惊的羊。可是你得问问你自己：在一切完了之后，你原来如果坐在家里炉旁快快活活地想着，是否比较更好些。静坐着默想——记起女子们的面孔而不起欲念，想到人们的丰功伟绩，快意而不羡慕，对一切事物和一切地方有同情的了解，而却安心留在你所在的地方和身份——这不是同时懂得智慧和德行，不是和幸福住在一起吗？说到究竟，能拿出会游行来开心的并不是那些扛旗子游行的人们，而是那些坐在房子里眺望的人们……"

他告诫我们，太忙碌，会忘却生活的本来意义和幸福。

时间飞快地从我们身边滑过，开始我们总认为这样紧张忙碌是有价值的，结果我们最终两手空空地走向时光的尽头。

所以，放慢一些脚步，尽情地去享受你的人生、你的生活吧！因为享受生活是帮助我们充实人生、帮助人生充满活力的方法。

一 给幸福的生活脱去复杂的洋装

在一个艳阳高照的午后，一个勤劳的樵夫扛着沉甸甸的斧头上山去打柴，一路上不觉汗如雨下。就在他停下脚步准备稍作休憩之时，他看到一个人正跷着二郎腿，悠闲地躺在树底下乘凉，便忍不住上前问道："你为什么躺在这里休息，而不去打柴呢？"

那个人看了樵夫一眼，不解地问道："为什么要去打柴呢？"

樵夫脱口而出："打了柴好卖钱呀！"

"那么卖了钱又为了什么呢？"乘凉的人进一步问道。

"有了钱你就可以享受生活了。"樵夫满怀憧憬地说。

听到这话，乘凉的人禁不住笑了，他意味深长地对樵夫说道："那么你认为，我现在又是在做什么呢？"

听见此话，樵夫顿时无语，那么到底打柴是为了什么？享受生活，不就这么简单吗？

在追求幸福的途中，我们往往会被生活戴上重重枷锁，殊不知褪去复杂的洋装，才能展露出幸福生活的本质。故事中的乘凉的人没有把自己盲目地投入紧张的生活中，而是恬然地享受悠闲自在的日子——躺在树下轻松自由地呼吸，对生命充满着由衷的喜悦与感激。这种简单、干净的生活方式是多么惹人羡慕，多么令人向往啊！这种发自内心的简单与悠闲，正是幸福生活的真谛所在，睿智如他，快乐而洒脱地抓住了快乐的尾巴。

在我们忙忙碌碌、为生活所累的时候，是否应该回头看一看现代人的生活？当我们不断地抱怨，被无穷无尽的牢骚所埋没的时候，是否应当重新考量生活的定位？如今的我们正被包围在混乱的杂事、杂务，尤其是杂念之中，却不知到底是为谁辛苦为谁忙？一番苦痛和挣扎之后，一颗颗活跃而跳动的心被挤压成了无气无力的皮球，在坚硬的现实中疲软地滚动。也许是因为在竞争的压力下我们逐渐丧失了内心的安全感，于是就产生了担心无事可做的恐惧，也许是内心的不安使我们急欲去寻找可以依靠的港湾，所以才愈加急着找事做来自我安慰。不知不觉中，我们业已陷入了一种恶性循环，逐渐远离真正的快乐，远离真实的生活。

也许我们真的太累了，我们疲惫的内心，需要得到休憩的空间。在不断追逐的过程中，我们是不是可以尝试着放弃一些复杂的东西，让一切都恢复简单。其实生活本身并不复杂，真正复杂的是我们的内心。因而，要想恢复简单的生活，必须从"心"开始。

对"幸福"的需求是永无止境的，没完没了地去追求大家普遍认同的"所谓"幸福——大房子、新汽车、时髦服装、朋友、事业，尽管可以在某些方面得到一时的快乐和满足，却无法获得内心的真正满足。这些东西尽管绚烂，尽管浮华，尽管带着美丽的外表，穿着诱人的洋装，最终带给我们的，却只能是患得患失的压力和永无止境的挣扎。想要获得真正的幸福，就必须脱去层层叠叠的枷锁，褪去生活复杂的洋装，就像故事中乘凉的人那样，呼吸清新自由的空气，悠闲而又自在地享受简单又干净的生活。

一 剪掉不必要的生活内容

一个人觉得生活很沉重，便去见智者，寻求解脱之法。

智者给他一个篓子背在肩上，指着一条沙砾路说："你每走一步就捡一块石头放进去，看看有什么感觉。"

过了一会儿，那人走到了头，智者问有什么感觉。那人说："越来越觉得沉重。"智者说："这也就是你为什么感觉生活越来越沉重的原因。当我们来到这个世界上时，每个人都背着一个空篓子，然而我们每走一步都要从这世界上捡一样东西放进去，所以才有了越来越累的感觉。"

生命之舟需要轻载。当你觉得生活中不堪重负时不妨学会"卸载"：将自己的烦恼和包袱一一卸下，让自己的心态"归零"。

年轻的时候，玛丽比较贪心，什么都追求最好的，拼了命想抓住每一个机会。有一段时间，她手上同时拥有13个广播节目，每天忙得昏天暗地，她形容自己："简直累得跟狗一样！"

事情都是双方面的，所谓有一利必有一弊，事业愈做愈大，相反压力也越来越大。到了后来,玛丽发觉拥有更多不是乐趣,反而是一种沉重的负担。她的内心始终被一种强烈的不安全感笼罩着。

1995年,"灾难"发生了,她独资经营的传播公司被恶性倒账四五千万美元,交往了7年的男友和她分手……一连串的打击直奔她而来,就在极度沮丧的时候,她甚至考虑结束自己的生命。

在面临崩溃之际,她向一位朋友求助:"如果我把公司关掉,我不知道我还能做什么?"朋友沉吟片刻后回答:"你什么都能做,别忘了,当初我们都是从'零'开始的!"

这句话让她恍然大悟,也让她勇气再生:"是啊!我们本来就是一无所有,既然如此,又有什么好怕的呢?"就这样念头一转,没有想到在短短半个月之内,她连续接到两笔很大的业务,濒临倒闭的公司起死回生,又重新运转了起来。

历经这些挫折后,玛丽体悟到人生"无常"的一面,费尽了力气去强求,虽然勉强得到,最后留也留不住;反而是一旦放空了,随之而来的是更大的能量。

她学会了"生活的减法"。为了简化生活,她谢绝应酬,搬离了150平方米的房子,索性以公司为家,在一个不到10平方米的空间里,淘汰不必要的家当,只留下一张床、一张小茶几,还有两只做伴的狗儿。

玛丽忽然发现,原来一个人需要的其实那么有限,许多附加的东西只是徒增无谓的负担而已。朋友不解地问她:"你为什么不爱自己?"她回答:"我现在是从内在爱自己。"

一个人在自己觉得不堪重负的时候，应当学会做"减法"，减去一些自己不需要的东西，有时候简单一点，人生反而会觉得更踏实。

一 在人生路上轻装前行

弘一法师出家前的头一天晚上，与自己的学生话别。学生们对老师能割舍一切遁入空门既敬仰又觉得难以理解，一位学生问："老师为何出家？"

法师淡淡答道："无所为。"

学生进而问道："忍抛骨肉乎？"

法师给出了这样的回答："人世无常，如暴病而死，欲不抛又安可得？"

世上人，无论是学佛的还是不学佛的，都深知"放下"的重要性。可是真能做到的，能有几人？如弘一法师这般放下令人艳羡的社会地位与大好前途、离别妻子骨肉的，可谓少之又少。

"放下"二字，诸多禅味。我们生活在世界上，被诸多事情拖累，事业、爱情、金钱、子女、财产、学业……这些东西看起来都那么重要，一个也不可放下。要知道，什么都想得到的人，最终可能会为物所累，导致一无所有。只有懂得放弃的人，才能达到人生至高的境界。

孟子说："鱼，我所欲也；熊掌，亦我所欲也，二者不可得兼，舍鱼而取熊掌也。"当我们面临选择时，必须学会放弃。弘一法师为了更高的人生追求，毅然决然地放下了一切。丰子恺在谈到弘一法师为何出家时做了如下分析：

"我以为人的生活可以分作三层：一是物质生活，二是精神生活，三是灵魂生活。物质生活就是衣食；精神生活就是学术文艺；灵魂生活就是宗教——'人生'就是这样一座三层楼。懒得（或无力）走楼梯的，就住在第一层，即把物质生活弄得很好，锦衣肉食、尊荣富贵、孝子慈孙，这样就满足了——这也是一种人生观，抱这样的人生观的人在世间占大多数。其次，高兴（或有力）走楼梯的，就爬上二层楼去玩玩，或者久居在这里头——这就是专心学术文艺的人，这样的人在世间也很多，即所谓'知识分子'、'学者'、'艺术家'。还有一种人，'人生欲'很强，脚力大，对二层楼还不满足，就再走楼梯，爬上三层楼去——这就是宗教徒了。他们做人很认真，满足了'物质欲'还不够，满足了'精神欲'还不够，必须探求人生的究竟；他们以为财产子孙都是身外之物，学术文艺都是暂时的美景，连自己的身体都是虚幻的存在；他们不肯做本能的奴隶，必须追究灵魂的来源、宇宙的根本，这才能满足他们的'人生欲'，这就是宗教徒。

"……我们的弘一大师，是一层层地走上去的……故我对于弘一大师的由艺术升华到宗教，一向认为当然，毫不足怪。"

丰子恺认为，弘一法师为了探知人生的究竟、登上灵魂生活的层楼，把财产子孙都当作身外物，轻轻放下，轻装前行。这是一种气魄,是凡夫俗子难以领会的情怀。

我们每个人都是背着背囊在人生路上行走,负累的东西少,走得快,就能尽早接触到生命的真意。遗憾的是,我们想要的东西太多太多了,自身无法摆脱的负累还不够,还要给自己增添莫名的烦忧。禅宗的一个公案讲述的就是这样一个故事:

希迁禅师住在湖南。禅师有一次问一位新来参学的学僧道:"你从什么地方来?"

学僧恭敬地回答:"从江西来。"

禅师问:"那你见过马祖道一禅师吗?"

学僧回答:"见过。"

禅师随意用手指着一堆木柴问道:"马祖禅师像一堆木柴吗?"

学僧无言以对。

因为在希迁禅师处无法契入,这位学僧就又回到江西见马祖禅师,讲述了他与希迁禅师的对话。马祖道一禅师听完后一笑,问学僧道:"你看那一堆木柴大约有多少重?"

"我没仔细量过。"学僧回答。

马祖哈哈大笑:"你的力量实在太大了。"

学僧很惊讶,问:"为什么呢?"

马祖说:"你从南岳那么远的地方,背了一堆柴来,还不够有力气?"

仅仅一句话,这位学僧就将其当作一个莫大的烦恼执着地记在心中,从湖南一路记到江西,耿耿于怀不肯放下,难怪马祖会说他"力气大"。我们的心有多大的空间能承载这些无意义的东西？

天空广阔能盛下无数的飞鸟和云，海湖广阔能盛下无数的游鱼和水草，可人并没有天空开阔的视野，也没有大海广阔的胸襟，要想能有足够轻松自由的空间，就得抛去琐碎的繁杂之物，比如无意义的烦恼、多余的忧愁、虚情假意的阿谀、假模假式的奉承……如果把人生比作一座花园，这些东西就是无用的杂草，我们要学会将这些杂草铲除。

放弃实权虚名，放弃人事纷争，放弃变了味的友谊，放弃失败的爱情，放弃破裂的婚姻，放弃不适合自己的职业，放弃异化扭曲自己的职位，放弃暴露你的弱点、缺陷的环境和工作，放弃没有意义的交际应酬，放弃坏的情绪，放弃偏见、恶习，放弃不必要的忙碌、压力……勇敢大胆地放下，不要像故事里的那位学僧，把"一捆重柴"背在身上不放手。如果不懂得放下，我们会比那位学僧更可悲，因为我们面对琐碎的生活，需要担起的柴火，比他要多得多。

一 给人生来次大扫除，留下最需要的东西

我们一定有过年前大扫除的经历吧。当你一箱又一箱地打包时，一定会很惊讶自己在过去短短一年内，竟然累积了这么多的东西。然后懊悔自己为何事前不花些时间整理，淘汰一些不再需要的，否则，今天就不会累得你连脊背都直不起来。

大扫除的懊恼经验，让很多人懂得一个道理：人一定要随时清扫、淘汰不必要的东西，只留下自己最有用的，日后才不会变成沉重的负担。人生又何尝不是如此！在人生路上，每个人都在不断地累积东西，这些东西包括你的名誉、地位、财宝、亲情、人际关系、健康、知识等；另外，当然也包括烦恼、苦闷、挫折、沮丧、压力等。这些东西，有的早该丢弃而未丢弃，有的则早该储存而未储存。

洛威尔是美国著名的心理学家。有一年他和一群好友到东非赛伦盖蒂平原去探险。在旅途中，洛威尔随身带了一个厚重的背包，里面塞满了食具、切割工具、挖掘工具、衣服、指南针、观星仪、护理药品等。洛威尔对自己携带的物品非常满意。

一天，当地的一位土著向导检视完洛威尔的背包之后，突然问了一句："这些东西你都有用吗？"洛威尔愣住了，这是他从未想过的问题。洛威尔开始问自己，结果发现，有些东西的确不值得他背着它们走那么远的路。

洛威尔决定取出一些不必要的东西送给当地村民。接下来，因为背包变轻了，他感到自己不再有束缚，旅行变得更愉快。

生命的前行就如同参加一次旅行，背负的东西越少，越能发挥自己的潜能。你可以列出清单，决定背包里该装些什么才能帮助你到达目的地。但是，记住，在每一次停泊时都要清理自己的口袋，什么该丢，什么该留，把更多的位置空出来放自己真正需要的东西。

在人生道路上，我们几乎随时随地都得做"清扫"。念书、出国、就业、结婚、离婚、生子、换工作、退休……每一次挫折，都迫使我们不得不回头细看自己最需要的是什么。不过，有时候某些因素也会阻碍我们放手进行扫除。譬如，太忙、太累，可是，心灵清扫原本就是一种挣扎与奋斗的过程。你只有告诉自己：每一次的清扫，并不表示这就是最后一次。而且，没有人规定你必须一次全部扫干净。你可以每次扫一点，但你至少应该丢弃那些会拖累你的东西，这样的人生，才会变得轻盈、明确、快乐。

第二章

布袋效应：放下，刹那花开
——不属于自己的，不值得执着

一

布袋效应：幸福往往就在一拿一放之间

提放自如，并非一件简单的事情。提起需要承担责任的勇气，放下也需要斩断妄念的魄力。

在唐代，有一位著名的禅僧布袋和尚。一天，有一位僧人想看看布袋和尚有何修为，问道："什么是佛祖西来？"布袋和尚放下口袋，叉手站在那儿，一句话也没说。僧人又问："就这样，没别的了吗？"布袋和尚又布袋上肩，拔腿便走。那僧人看对方是个疯和尚，也就起身离去了。哪知刚走几步，却觉背上有人抚摸，僧人回头一看，正是布袋和尚。布袋和尚伸手对他说："给我一枚钱吧！"

布袋和尚放下口袋，是在警示我们要放下，随即又布袋上肩，是在教我们拿起。其实哪里有什么放下与拿起呢？只不过有时我们需要放下，有时需要拿起，而我们却常常该拿起时拿不起，该放下时放不下。放下时不执着于放下，自在；拿起时不执着于拿起，也自在。不论是拿起与放下，都不要被染着，那才是真自在。

大多数人，总是提不起意志和毅力，却放不下成败；提不起信心和愿心，却放不下贪心和嗔心。他们渴望成功的辉煌，惧怕失败的窘迫，却又不能为了成功而坚定意志，付出努力；他们热衷于享乐，渴望获得而不愿付出，一旦愿望落空，即会怨天尤人，怨恨心搁在心中，挥之不去。这样的人，度己不成，又不肯接受他人的教导，难堪大任，期待他们去救济众生简直是妄想。

布袋和尚口袋的提起放下看上去一切自然，实际上也是有所选择的，就像我们在修行过程中，什么应该提起，什么应该放下，都不是灵光一现就能确定的。首先，要把去恶行善的心提起，把争名逐利的心放下。"诸恶莫作，众善奉行，自净其意，是诸佛教。"名利的纠缠如毒蛇猛兽，只要贪心起，必定招致厄运。古语云，"嚼破虚名无滋味"，真正的智者应该孑然一身，不受虚名牵绊，也不为富贵诱惑。

其次，要把成己成人的心提起，把成败得失的心放下。成就自己的目的是为了成就别人，只有充实了自己，才能有足够的能力去帮助别人。在充实提高的过程中，失败是难免的，要能够在成功中积累经验，在失败中汲取教训，而并不只是沉醉在成功的快乐或者失败的痛苦中不能自拔。

最后，要把众人的幸福提起，把自我的成就放下。只有这样，才能时刻把世人的幸福挂在心上，而抛却自我的观念。

放下散乱的心，提起专注的心；放下专注的心，提起统一的心；放下统一的心，提起自在心。唯有这样，才能放松身心，提起正念，彻底放下，从头提起。

一 智慧的人懂得适时放手

我们都有过这样的经历：

——亲戚送了一盒上等绿茶，舍不得喝，放了很久，却没有想到保存不当，等拿出来喝时才发现受潮发霉了，只好万般不舍地扔掉。

——朋友送了一件质地良好的风衣，却因为太喜爱而舍不得穿。等有一天愿意拿出来时，却发现自己的身材已由亭亭玉立而变得臃肿，那件风衣自己竟然无法再穿上了。

——朋友出差时送了一盒当地特产的糕点，舍不得吃，待下决心将它"消灭"掉时，却发现早已过了保质期。

……

同样的道理，在我们或长或短的一生中，很多东西也是不能保存，而必须尽量享受的。只有宽心的人，懂得适时松手的人，才能真正体会到生命的快乐。

下面这个小故事就说明了这个道理。

从前有个财主，他对自己地窖里珍藏的葡萄酒非常自豪——窖里保留着一坛只有他才知道的、某种场合才能喝的陈酒。

州府的总督登门拜访。财主提醒自己："这坛酒不能仅仅为一个总督启封。"

地区主教来看他，他自忖道："不，不能开启那坛酒。他不懂这种酒的价值，酒香也飘不进他的鼻孔。"

王子来访，和他同进晚餐。但他想："区区一个王子喝这种酒过分奢侈了。"

甚至在他亲侄子结婚那天，他还对自己说："不行，接待这种客人，不能拿出这坛酒。"

一年又一年，财主死了。

下葬那天，那坛陈酒和其他酒一起被搬了出来，左邻右舍的邻居把酒统统喝光了。但谁也不知道这坛陈年老酒的久远历史。

对他们来说，所有喝进肚子里的仅仅是酒而已。

在条件允许的情况下，我们应该尽量享受生活，没有必要一味地虐待自己。懂得享受生活的人，比一般人更能感觉到生活的乐趣和人生的幸福。

想想你现在的追求，是否也是放弃了手中的一切，仅仅为了那坛普普通通的酒？

有的人喜欢贪图别人的财富，有的人明知道是自己的财富却选择了舍弃。贪图别人财富的人，必将在获得的同时付出更多的代价，而主动舍弃的人，却可能得到上苍加倍的馈赠。

保持一颗平常心，波澜不惊，生死不畏，于无声处听惊雷，超脱眼前得失，不受外在情感的纷扰，喜怒哀乐，收放自如，才能体会到"采菊东篱下，悠然见南山"的自在。

著名的钢琴大师鲁宾斯坦有一次送给朋友一盒上等雪茄，朋友表示要好好珍藏这一特别的礼物。"不，不要这样，你一定要享用他们，这种雪茄如人生一样，都是不能保存的，你要尽快享受它们。没有爱和不能享受人生，就没有快乐。"钢琴大师对朋友说。

钢琴大师的话寓含深奥的人生哲理，我们每个人都有必要读懂它、记住它、运用它。放手已有的东西，才能将新的东西握到手中。

一 得到未必幸福，失去未必痛苦

痛苦常常由欲望而生，追寻的时候苦于没有得到，得到的时候却又害怕将来的失去。欲望太多，又怎么能活得快乐呢？

有一只木车轮因为被砍下了一角而伤心郁闷，它下决心要寻找一块合适的木片重新使自己完整起来，于是它开始了长途跋涉。

不完整的木车轮走得很慢，一路上，阳光柔和，它认识了各种美丽的花朵，并与草叶间的小虫攀谈；当然也看到了许许多多的木片，但都不太合适。

终于有一天，车轮发现了一块大小形状都非常合适的木片，于是马上将自己修补得完好如初。可是欣喜若狂的轮子忽然发现，眼前的世界变了，自己跑得那么快，根本看不清花朵美丽的笑脸，也听不到小虫善意的鸣叫。

车轮停下来想了想，又把木片留在了路边，自个儿走了。

失去了一角，却饱览了世间的美景；得到想要的圆满，步履匆匆，却错失了怡然的心境，所以有时候失也是得，得即是失。

也许当生活有所缺陷时,我们才会深刻地感悟到生活的真实,这时候,失落反而成全了完整。

从上面的故事中我们不难发现,尽善尽美未必是幸福生活的终点站,有时反而会成为快乐的终结者。得与失的界限,你又如何准确地划定呢?当你因为有所缺失而执着追求完美时,也许会忘却头顶那一片晴朗的天空。

据说,因纽特人捕猎狼的办法世代相传,非常特别,也极甚有效。严冬季节,他们在锋利的刀刃上涂上一层新鲜的动物血,等血冻住后,他们再往上涂第二层血;再让血冻住,然后再涂……

就这样,刀刃很快就被冻血掩藏得严严实实了。

然后,因纽特人把血包裹住的尖刀反插在地上,刀把结实地扎在地上,刀尖朝上。当狼顺着血腥味找到尖刀时,它们会兴奋地舔食刀上新鲜的冻血。融化的血液散发出强烈的气味,在血腥的刺激下,它们会越舔越快,越舔越用力,不知不觉所有的血被舔干净,锋利的刀刃就会暴露出来。

但此时,狼已经嗜血如狂,它们猛舔刀锋,在血腥味的诱惑下,根本感觉不到自己的舌头被刀锋划开的疼痛。

在北极寒冷的夜晚,狼完全不知道它舔食的其实是自己的鲜血。它只是变得更加贪婪,舌头抽动得更快,血流得也更多,直到最后精疲力竭地倒在雪地上。

生活中很多人都如故事中的狼,在欲望的旋涡中越陷越深,又像漂泊于海上不得不饮海水的人,越喝越渴。

可见，得与失的界限，你永远也无法准确定位，自认为得到的越多，可能失去的也会越多。所以，与其把生命置于贪婪的悬崖峭壁边，不如随性一些，洒脱一些，不患得患失，做到宠辱不惊，保持自己独有的理智。

坦然地面对所有，享受人生的一切，世事无绝对，得到未必幸福，失去也不一定痛苦。

一 失去可能是一种福音

人生就像一次旅行。在行程中，你会用心去欣赏沿途的风景，同时也会接受各种各样的考验。这个过程中，你会失去许多，但是，你同样也会收获很多，因为，失去所传递的并不一定都是灾难，也可能是福音。

有一位住在深山里的农民，经常感到环境艰险，难以生活，于是四处寻找致富的好方法。一天，一位从外地来的商贩给他带来了一样好东西，尽管在阳光下看去那只是一粒粒不起眼的种子。但据商贩讲，这不是一般的种子，而是一种叫作"苹果"的水果种子，只要将其种在土壤里，两年以后，就能长成一棵棵苹果树，结出数不清的果实，运到集市上，可以卖好多钱呢！

欣喜之余，农民急忙将苹果种子小心收好，但脑海里随即涌现出一个问题：既然苹果这么值钱、这么好，会不会被别人偷走呢？

于是，他特意选择了一块荒僻的山野来种植这种颇为珍贵的果树。

经过近两年的辛苦耕作，浇水施肥，小小的种子终于长成了一棵棵茁壮的果树，并且结出了累累硕果。

这位农民看在眼里，喜在心中。嗯！因为缺乏种子的缘故，果树的数量还比较少，但结出的果实也肯定可以让自己过上好一点儿的生活。

他特意选了一个好日子，准备在这一天摘下成熟的苹果，挑到集市上卖个好价钱。当这一天到来时，他非常高兴，一大早便上路了。

当他气喘吁吁地爬上山顶时，心里猛然一惊，那一片红灿灿的果实，竟然被山里的飞鸟和野兽们吃了个精光，只剩下满地的果核。

想到这几年的辛苦劳作和热切期望，他不禁伤心欲绝，大哭起来。他的财富梦就这样破灭了。在随后的岁月里，他的生活仍然艰苦，只能苦苦支撑下去，一天一天地熬日子。不知不觉之间，几年的光阴如流水一般逝去。

一天，他偶然来到了这片山野。当他爬上山顶后，突然被眼前的一幕惊呆了：在他面前出现了一大片茂盛的苹果林，树上结满了红红的苹果。

这会是谁种的呢？在疑惑不解中，他思索了好一会儿才找到了一个出乎意料的答案。这一大片苹果林都是他自己种的。

几年前，当那些飞鸟和野兽在吃完苹果后，就将果核吐在旁边。就这样，果核里的种子慢慢发芽生长，终于长成了一片更加茂盛的苹果林。

现在，这位农民再也不用为生活发愁了，这一大片苹果林足以让他过上幸福的生活。

从这个故事当中我们可以看出，有时候，失去是另一种获得。花草的种子失去了在泥土中的安逸生活，却获得了在阳光下发芽微笑的机会；小鸟失去了几根美丽的羽毛，经过跌打，却获得了在蓝天下凌空展翅的机会。人生总在失去与获得之间徘徊。没有失去，也就无所谓获得。

生活中，一扇门如果关上了，必定有另一扇门打开。你失去了一种东西，必然收获另一种东西。关键是，你要有乐观的心态，相信有失必有得。要舍得放弃，正确对待你的失去，因为失去可能是一种生活的福音，它预示着你的另一种获得。

一 多求则穷，喜舍致富

阎罗殿上，判官问两个即将投胎的小鬼："人间现有两处人家可以投生，你们可以选择。一个一生都会不断地从别人那里获得东西，另一个恰恰相反，一辈子都会忙着把自己的东西送给他人，你们要怎么选择？"

小鬼甲抢先说道："我要做那个一生都从别人那里拿东西的人。"

小鬼乙说："请您让我投生为那个一生都在给予的人吧！"

最后两个小鬼都遂了心愿：甲成了乞丐，一生潦倒街头受人恩惠；乙投生富贵人家，一生享尽富贵并时刻都在接济他人。

小鬼甲可能怎么也想不通为何会是这样的结局。按照因果关系，贫穷通常与悭吝互相牵绊，宽裕一般与慈悲不离左右。所以，不知满足、意在索取的小鬼只能做乞丐，而懂得知足、愿意为他人付出的小鬼乙却一生过得洒脱。

人心得不到满足，总想着追求更多更好的东西，只能沉溺于欲望的旋涡。懂得知足，不作非法的多求的人，却能"常念知足，安贫守道，唯慧是业"。

"祸莫大于不知足"，这是《道德经》中的名言。孟子也说："养心莫善于寡欲。"两者所说的是相同的道理。所谓"布衣桑饭，可乐终身"，高僧弘一法师自身的经历就很好地体现了这一点。

"我的棉被面子，还是出家以前所用的；又有一把洋伞，也是1911年买的。这些东西，即使有破烂的地方，请人用针线缝缝，仍旧同新的一样了。简单可尽我形寿，受用着哩！不过，我所穿的小衫裤和罗汉草鞋一类的东西，却须五六年一换，除此以外，一切衣物，大都是在家时候或是初出家时候制的。

"从前常有人送我好的衣服或别的珍贵之物，但我大半都转送别人。因为我知道我的福薄，好的东西是没有胆量受用的。又如吃东西，只生病的时候吃一些好的，除此以外，从不敢随便乱买好的东西吃。"

弘一法师有一颗知足的心，他在简单朴素的生活中享受到了快乐，这是心灵的富足。现实生活中有几个人能够做到呢？

穿衣目的是为了保暖，但多少人为了追求表面的虚伪华丽和所谓"名牌"一掷千金，却看不到那些衣不蔽体、瑟瑟发抖的穷人；吃饭的目的是为了填饱肚子，但多少人瞧不上家常的一日三餐，非要山珍海味、满汉全席不可，甚至妄杀其他动物来满足自己的口腹之欲。不知满足的人必将一点点消耗掉之前累积的福报，背负越来越沉重的人生的债务。

比如一个人因偶然机缘在路上捡到一张百元纸钞，如果他把这当作上天的恩赐，可能会用来做一些善事；但如果他拿到这笔意外之财后希望还能有这样的运气，并开始每天都低着头走路，那么久而久之，他可能会捡到成千颗纽扣、上万根钢针，却也因此错过了落日的绮丽、幼童的欢颜、大自然中的鸟语花香，以至于把青春都荒废在这段路上了。

"多求的结果是穷，喜舍的结果才是富。"东西多了，心为形役，生活反而没了安定；东西虽少，但自觉知足，就能感受到生命的和谐与喜乐。

想抓住的太多，能抓住的太少

俗话说，人心不足蛇吞象。永不满足的欲望一方面是人们不懈追求的原动力，成就了"人往高处走，水往低处流"的箴言，也诠释了"有了千田想万田，当了皇帝想成仙"的人性弱点。

在生活中，人们总喜欢抓点什么，房子、金钱、名利……抓得世界五彩缤纷，抓得自己精疲力竭。

唐代文学家柳宗元曾写过一篇名为《蝜蝂传》的散文，文中提到了一种善于背负东西的小虫蝜蝂，它行走时遇见东西就拾起来放在自己的背上，高昂着头往前走。它的背发涩，堆放到上面的东西掉不下来。背上的东西越来越多，越来越重，不肯停止的贪婪行为终于使它累倒在地。

人心常常是不清净的，之所以混乱是因为物欲太盛。人生在世，很难做到一点欲望也没有，但是物欲太强，就容易沦为欲望的奴隶，一生负重前行。每个人都应学会轻载，更应学会知足常乐，因为心灵之舟载不动太多负荷。

从前，一个想发财的人得到了一张藏宝图，上面标明在密林深处有一连串的宝藏。他立即准备好了一切旅行用具，特别是他还找出了四五个大袋子用来装宝物。一切就绪后，他进入那片密林。他斩断了挡路的荆棘，蹚过了小溪，冒险冲过了沼泽地，终于找到了第一个宝藏，满屋的金币熠熠夺目。他急忙掏出袋子，把所有的金币装进了口袋。离开这一宝藏时，他看到了门上的一行字："知足常乐，适可而止。"

他笑了笑，心想：有谁会丢下这闪光的金币呢？于是，他没留下一枚金币，扛着大袋子来到了第二个宝藏，出现在眼前的是成堆的金条。他见状，兴奋得不得了，依旧把所有的金条放进了袋子,当他拿起最后一根金条时,上面刻着:"放弃了下一个屋子中的宝物,你会得到更宝贵的东西。"

他看了这一行字后,更迫不及待地走进了第三个宝藏,里面有一块磐石般大小的钻石。他发红的眼睛中泛着亮光,贪婪的双手抬起了这块钻石,放入了袋子中。他发现,这块钻石下面有一扇小门,心想,下面一定有更多的东西。于是,他毫不迟疑地打开门,跳了下去,谁知,等着他的不是金银财宝,而是一片流沙。他在流沙中不停地挣扎着,可是他越挣扎陷得越深,最终与金币、金条和钻石一起长埋在流沙下了。

如果这个人能在看了警示后立刻离开,能在跳下去之前多想一想,那么他就会平安地返回,成为一个真正的富翁。物质上永不知足是一种病态,其病因多是由权力、地位、金钱之类引发的。这种病态如果发展下去,就是贪得无厌,其结局是自我爆炸、自我毁灭。如星云大师所言,世间一切我们能抓住的只是很少的一部分,又何苦为了抓住更多从而失去更多呢?

所以,生活中的我们应该明白:即使你拥有整个世界,你一天也只能吃三餐。这是人生感悟后的一种清醒,谁真正懂得它的含义,谁就能活得轻松,过得自在,白天知足常乐,夜里睡得安宁,走路感觉踏实,蓦然回首时没有遗憾!

《伊索寓言》中有这样一句话:"有些人因为贪婪,想得到更多的东西,却把现在所拥有的也失掉了。"人赤条条地来到这个世界上,不可能永久地拥有什么。现代西方经济学最有影响力的经济学家凯恩斯曾经说过，从长远看，我们都属于死亡，人生是这样短暂，即使身在陋巷，我们也应享受每一刻美好的时光。

一 与其抱残守缺，不如断然放弃

我们常听到人们如此哀叹："要是……就好了！"这是一种明显的内疚、悔恨情绪，而我们每个人都会不时地发出这种哀叹。

悔恨不仅是对往事的关注，也是由于过去某件事产生的现时惰性。如果你为自己过去的某种行为而到现在都无法积极生活，那便成了一种消极的悔恨了。吸取教训是一种健康有益的做法，也是我们每个人不断取得进步与发展的重要方法。悔恨则是一种不健康的心理，它会白白浪费自己目前的精力。实际上，仅靠悔恨是无法解决任何问题的。

爱默生经常以愉快的方式来结束每一天。他告诫人们："时光一去不返，每天都应尽力做完该做的事。疏忽和荒唐事在所难免，要尽快忘掉它们。明天将是新的一天，应当重新开始，振作精神，不要使过去的错误成为未来的包袱。"

要成为一个快乐的人，重要的一点是学会将过去的错误、罪恶、过失通通忘记，努力向着未来的目标前进。

印度圣雄甘地在行驶的火车上，不小心把刚买的新鞋弄掉了一只，周围的人都为他惋惜。不料甘地立即把另一只鞋从窗口扔了出去,让人大吃一惊。甘地解释道:"这一只鞋无论多么昂贵,对我来说也没有用了,如果有谁捡到一双鞋,说不定还能穿呢!"

显然,甘地的行为已有了价值判断:与其抱残守缺,不如断然放弃。我们都有过失去某种重要的东西的经历,且大都在心里留下了阴影。究其原因,就是我们并没有调整心态去面对失去,没有从心理上承认失去,总是沉湎于对已经不存在的东西的怀念。事实上,与其为失去的东西懊恼,不如正视现实,换一个角度想问题:也许你失去的,正是他人应该得到的。

卡耐基先生有一次曾造访希西监狱,他对狱中的囚犯看起来竟然很快乐感到惊讶。监狱长罗兹告诉卡耐基:犯人刚入狱时都认命地服刑,尽可能快乐地生活。有一位花匠囚犯在监狱里一边种着蔬菜、花草,还一边轻哼着歌呢!他哼唱的歌词是:

事实已经注定,事实已沿着一定的路线前进,

痛苦、悲伤并不能改变既定的情势,

也不能删减其中任何一段情节,

当然,眼泪也无补于事,它无法使你创造奇迹。

那么,让我们停止流无用的眼泪吧!

既然谁也无力使时光倒转,不如抬头往前看。

令人后悔的事情,在生活中经常出现。许多事情做了后悔,不做也后悔;许多人遇到了后悔,错过了更后悔;许多话说出来后悔,不说出来也后悔……人生没有回头路,也没有后悔药。过去的已经过去,你无法重新设计。一味地后悔,会让你错过未来

的美好时光，给未来的生活增添阴影。

只要你心无挂碍，什么都看得开、放得下，何愁没有快乐的春莺在啼鸣，何愁没有快乐的泉溪在歌唱，何愁没有快乐的白云在飘荡，何愁没有快乐的鲜花在绽放！所以，放下就是快乐，不被过去所纠缠，这才是豁达的人生。

一 不要害怕放弃美好的东西

人生在世，有许多东西是需要不断放弃的。在仕途中，放弃对权力的追逐，随遇而安，得到的是宁静与淡泊；在淘金的过程中，放弃对金钱无止境的掠夺，得到的是安心和快乐；在春风得意、身边美女如云时，放弃对美色的占有，得到的是家庭的温馨和美满。

苦苦地挽留夕阳，是愚人；久久地感伤春光，是蠢人。什么也不放弃的人，往往会失去更珍贵的东西。放弃是一种境界，大弃大得，小弃小得。

得与失总是形影不离。俗话说："万事有得必有失。"得与失就像小舟的两支桨、马车的两个轮，相辅相成。失去春天的葱绿，却能收获丰硕的金秋；失去阳光的灿烂，却能收获小雨的缠绵……佛家讲："舍得，舍得，有舍才有得。"失去是一种痛苦，但也是一种幸福。

国王有五个女儿，这五位美丽的公主是国王的骄傲。她们那一头乌黑亮丽的长发远近皆知，所以国王送给她们每人十个漂亮的发夹。有一天早上，大公主醒来，一如往常地用发夹整理她的秀发，却发现少了一个发夹，于是她偷偷地到二公主的房里，拿走了一个发夹。

当二公主发现自己少了一个发夹，便到三公主房里拿走一个发夹；三公主发现少了一个发夹，也如法炮制地拿走四公主的一个发夹；四公主只好拿走五公主的发夹。于是，最小的公主的发夹只剩下九个。

隔天，邻国英俊的王子忽然来到皇宫，他对国王说："昨天我养的百灵鸟叼回一个发夹，我想这一定是属于公主们的，而这也真是一种奇妙的缘分，不知道百灵鸟叼回的是哪位公主的发夹？"

公主们听到了这件事，都在心里说："是我掉的，是我掉的。"可是自己头上明明完整地别着十个发夹，所以都懊恼得很，却说不出口。只有小公主走出来说："我掉了一个发夹。"话才说完，一头漂亮的长发因为少了一个发夹，全部披散下来，王子不由得看呆了。

故事的结局，当然是王子与公主从此一起过着幸福快乐的日子。

这个故事告诉我们：如果你不可能什么都得到，那么你应该学会舍弃。生活有时会逼迫你不得不交出权力，不得不放走机遇，甚至不得不抛下爱情。然而，舍弃并不意味着失去，因为只有舍弃才会有另一种获得。

要想采一束清新的山花，就得舍弃城市的舒适；要想做一名登山健儿，就得舍弃娇嫩白净的肤色；要想穿越沙漠，就得舍弃咖啡和可乐；要想获得掌声，就得舍弃眼前的虚荣。梅、菊放弃安逸和舒适，才能得到笑傲霜雪的艳丽；大地舍弃绚丽斑斓的黄昏，才会迎来旭日东升的曙光；春天舍弃芳香四溢的花朵，才能走进硕果累累的金秋；船舶舍弃安全的港湾，才能在深海中收获满船鱼虾。

人生要学会放弃，并敢于放弃一些东西，因为，生命之舟不可超载。"水往低处流是为了积水成渊，降落是为了新的起飞，所以我喜欢一次次将自己打入谷底。"

下文是北京某饭店老板王欣在一次接受媒体采访时的一段经典语录。他的职业生涯确实也证明了他"放弃"与"再次起飞"的哲学。

"我是1987年从大学毕业的，学的是外贸英语专业。我被分配到一家大型国有企业。那是一份很安逸、令很多人羡慕的工作。可是没多久，我就很苦恼。那是一成不变的日子，这样的日子让我感到很压抑，我不甘心自己的热情被一点点地吞噬。

"苦恼归苦恼，但是真要做出抉择还是要下很大决心的。因为生活在体制内，它会给人一种安全感，虽然这种安全感是要付出代价的。在犹豫不决中过了三年后，我终于下决心离开，因为如果再耗下去，我可能就会失去离开的决心和重新开始的信心。"

这在当时来讲，无疑是疯狂而没有理智的表现。因为王欣的辞职无异于自己将自己打到了最底层：一个没有单位、没有固定工资、没有任何社会保障的境地。

不久，她去了一家在北京的英国公司。上班的第一天，公司负责人将王欣叫到他的办公室，将两盒印有她名字的名片和一张飞机票交给她说："公司派你去上海开辟市场，你明天就走。"

王欣一下就蒙了，没想到刚上班，就给了她这么一个艰巨的任务，而且公司负责人说："你什么时候把上海市场打开了，什么时候回来。"这其实是跟她立了军令状，她没有退路了。人就是这样，当知道自己没有退路时，反而会激发出连自己都难以想象的能量。

生活中没有绝对的对与错，所谓的对与错很大程度取决于你的价值取向。我们必须在纷繁琐碎中学会搜索与选择，如果我们不喜欢某个选择或结果，就应该立刻摒弃，重新进行新一轮的选择并获得新的结果。一艘超载的轮船是无法安全到达彼岸的。一个人的时间和精力是有限的，必须懂得放弃，才能得到自己最想要的东西。

其实，人生要有所得必要有所失，只有学会舍弃，才有可能登上人生的高峰。你之所以举步维艰，是因为背负太重；之所以背负太重，是因为你还不会放弃。你放弃了烦恼，便与快乐结缘；你放弃了利益，便步入超然的境地。

一 勇于选择，果断放弃

生活中，左右为难的情形会时常出现：比如面对两份同样具有诱惑力的工作、两个同样具有诱惑力的追求者。为了得到其中一个，你必须放弃另一个。若过多地权衡，患得患失，到头来将两手空空,一无所得。我们不必为此感到悲伤,能抓住人生中"一个"的美好已经是很不容易的事情。

两个朋友一同去参观动物园。动物园非常大,他们的时间有限,不可能参观到所有动物。他们便约定:不走回头路,每到一处路口,选择其中一个方向前进。

第一个路口出现在眼前时,路标上写着一侧通往狮子园,一侧通往老虎山。他们琢磨了一下,选择了狮子园,因为狮子是"草原之王"。又到一处路口,分别通向熊猫馆和孔雀馆,他们选择了熊猫馆,熊猫是"国宝"……

他们一边走,一边选择。每选择一次,就放弃一次、遗憾一次。

因为时间不等人,如不这样做他们遗憾将更多。只有迅速做出选择,才能减少遗憾,得到更多的收获。

面对选择和取舍时,必须要有理性、睿智和远见卓识,不可鼠目寸光,不可急功近利,更不可本末倒置,因小失大。选择不是一锤子的买卖,不能因为一粒芝麻丢了西瓜;不能因为留恋一棵小树而失去整片的森林。

很多时候,我们总是想选择这个,却害怕错过那个,于是拿起来又放下,到最后一刻还在犹豫,这个会有这样的缺点,那个会有那样的不足,所以总迟迟下不了决心,或者选择之后,又来回地更改,在这样患得患失间耽搁了不少时间,浪费了不少精力。世界上没有一个十全十美的东西让你选择,每一样东西都会有它自身的弱点，所以，当你选择之后就大胆地往前走，而不是一步三回头，这在很大程度上影响了前进的进程。

而那些事业有成之士，总会在抉择之后一直走下去。

鲁迅在拯救人的灵魂和人的身体之间选择，成为一代文豪；迈克尔·乔丹放弃了棒球运动员的梦想，成为世界篮坛上最耀眼的"飞人"球星；帕瓦罗蒂放弃了教师职业，成为名扬世界的歌坛巨星……

有些选项看似诱人，但如果不适合自己，那就要果断舍弃。做出什么样的选择，要视自身条件和具体情况而定，要有主见，不能人云亦云。

人生的大多数时候，无论我们怎样审慎地选择，终归不会是尽善尽美，总会留有缺憾，但缺憾本身也是一种美。

社会大舞台上，每个人都是自己生活和生存方式的编导兼演员。只有学会正确地进行选择，果敢地做出舍弃，才能演绎出精彩的人生喜剧。

紧紧攥住黑暗的人永远看不到阳光

很多人都希望自己获得更多，却不愿意将自己已经获得的东西放手。可是生活常常是这样：如果不舍弃黑暗，就看不到阳光；如果不舍弃小的利益，就换不来更大的收入。

1984年以前，青岛电冰箱厂生产的冰箱按产品质量分为一等品、二等品、三等品、等外品四类。原因就是在那个时候中国刚刚改革开放，物品缺乏使市场非常好，只要产品还能用，就可以堂而皇之地送出厂门，而且绝对有市场，绝对卖得掉。就连等外品都能够销售得出去。实在卖不了的产品，就分配给一些员工自用，或者送货上门半价卖掉。

然而，在1985年4月事情发生了改变。张瑞敏收到一封用户的投诉信，投诉海尔冰箱的质量问题。于是，张瑞敏到工厂仓库里去，把400多台冰箱，全部做了检查之后，发现有76台冰箱不合格。为此，恼火的张瑞敏很快找到检查部，让他们看看这批冰箱怎么处理？他们说既然已经这样，就内部处理算了。因为以前出现这种情况都是这么办的，加之当时大多数员工家里边都没有冰箱，即使有一些质量上的问题也不是不能用呀。张瑞敏说，如果这样的话，就是说还允许以后再生产这样的不合格冰箱。就这么办吧，你们检查部门搞一个劣质工作、劣质产品展览会。于是，他们搞了两个大展室，在展室里面摆放了那些劣质零部件和那76台不合格的冰箱，通知全厂职工都来参观。员工们参观完以后，张瑞敏把生产这些冰箱的责任者和中层领导留下，并且问他们，你们看怎么办？结果大多数人的意见还是比较一致，都说内部处理。

但是，张瑞敏坚持说，这些冰箱必须就地销毁。他顺手拿了一把大锤，照着一台冰箱就砸了过去。然后把大锤交给了责任者，转眼之间，把76台冰箱全都砸烂了。

当时，在场的人一个一个的都眼里流泪了。虽然一台冰箱当时才 800 多元钱，但是，员工每个月的工资才 40 多块钱，一台冰箱就是他们两年的工资！

通过这件事情以后，员工们树立起了一种观念，谁生产了不合格的产品，谁就是不合格的员工。一旦树立这种观念，员工们的生产责任心迅速增强，在每一个生产环节都不敢马虎，精心操作。"精细化，零缺陷"变成全体员工发自内心的心愿和行动，从而使企业奠定了扎实的质量管理基础。

经过四年的艰苦努力，也就是 1988 年 12 月，海尔获得了中国电冰箱市场的第一枚国内金牌，把冰箱做到了全国第一。

如果当年海尔人都攥着眼前的利益不放，不肯砸烂那些不合格的冰箱，那么，就不会有海尔集团日后的崛起，更不会有如今的声誉。可见，只有肯舍弃的人，才可能获得更多。那些紧紧攥着手里的东西不放的人，只能是故步自封，得不到更好的发展。

不舍弃鲜花的绚丽，就得不到果实的香甜

社会发展的速度很快，诱惑随之增多，很多人在诱惑面前停下了自己的脚步。面对层出不穷的诱惑，很多人忘记了自己的方向，在旋涡中纠缠不止、平庸一生。

其实，人生的"口袋"只能装载一定的重量，人的前进行程

就是一个不断舍弃的过程。没有舍弃,你就有可能被沉重的包袱滞留在前进的途中。

拉斐尔11岁那年,一有机会便去湖心岛钓鱼。在鲈鱼钓猎开禁前的一天傍晚,他和妈妈早早来钓鱼。装好诱饵后,他将渔线一次次甩向湖心,湖水在落日余晖下泛起一圈圈的涟漪。

忽然,钓竿的另一头沉重起来。他知道一定有大家伙上钩,急忙收起渔线。终于,拉斐尔小心翼翼地把一条竭力挣扎的鱼拉出水面。好大的鱼啊!它是一条鲈鱼。

月光下,鱼鳃一吐一纳地翕动着。妈妈打亮小电筒看看表,已是晚上10点——但距允许钓猎鲈鱼的时间还差两个小时。

"你得把它放回去,儿子。"母亲说。

"妈妈!"孩子哭了。

"还会有别的鱼的。"母亲安慰他。

"再没有这么大的鱼了。"孩子伤感不已。

他环视了四周,已看不到一个鱼艇或钓鱼的人,但他从母亲坚决的脸上知道无可更改。暗夜中,那条鲈鱼抖动着笨重的身躯慢慢游向湖水深处,渐渐消失了。

这是很多年前的事了。后来拉斐尔成为纽约市著名的建筑师,他确实没再钓到那么大的鱼,但他为此终身感谢母亲。因为他通过自己的诚实、勤奋、守法,猎取到生活中的大鱼——事业上成绩斐然。

自然界是美丽的,人生也是绚丽的。在几十年的漫漫旅途中,有山有水，有风有雨，有舍弃"绚丽"和"温馨"的烦恼，也有获得"香甜"和"明艳"喜悦，人生就是在舍弃和获得的交替中得到升华，从而到达高新的境界。从这个意义上来说，获得很美好，舍弃也很美丽。

人是有思维会说话的"万物之灵"，懂得生活中舍弃与获得的道理，必要的舍弃是为了更好的获得。

有人说，人生之难胜过逆水行舟，此话不假。人生在世界上，不如意的事情占十之八九，获得和舍弃的矛盾时刻困扰着我们，明白了舍弃之道和获得之法，并运用于生活，我们就能从无尽的繁难中解脱出来，在人生的道路上进退自如，豁达大度。

3

第三章
庸人效应：世上本无事，庸人自扰之
——无意义的小事，不值得计较

一 庸人效应：世上本无事，庸人自扰之

一个年轻人四处寻找解脱烦恼的秘诀。他见山脚下绿草丛中一个牧童在那里悠闲地吹着笛子，十分逍遥自在。

年轻人便上前询问："你那么快活，难道没有烦恼吗？"

牧童说："骑在牛背上，笛子一吹，什么烦恼都没有了。"

年轻人试了试，烦恼仍在。

于是他只好继续寻找。

他来到一条小河边，见一老翁正专注地钓鱼，神情怡然，面带喜色，于是便上前问道："你能如此投入地钓鱼，难道心中没有什么烦恼吗？"

老翁笑着说："静下心来钓鱼，什么烦恼都忘记了。"

年轻人试了试，却总是放不下心中的烦恼，静不下心来。

于是他又往前走。他在山洞中遇见一位面带笑容的长者，便又向他讨教解脱烦恼的秘诀。

老年人笑着问道："有谁捆住你没有？"

年轻人答道："没有啊？"

老年人说："既然没人捆住你，又何谈解脱呢？"

年轻人想了想，恍然大悟，原来是被自己设置的心理牢笼束

缚住了。

世上本无事，庸人自扰之。其实很多时候，烦恼都是自找的，要想从烦恼的牢笼中解脱，首先要做到"心无一物"，放下心中的一切杂念，不为外物的悲喜所侵扰，才能够抛却一切烦恼，得到内心的安宁。

萧伯纳曾经说过："痛苦的秘诀在于有闲工夫担心自己是否幸福。"故事中的年轻人，四处寻找解脱烦恼的秘诀，却不知道这其实将带来更多的烦恼。许多烦恼和忧愁源于外物，却发自内心，如果心灵没有受到束缚，外界再多的侵扰都无法动摇你宁谧的心灵，反之，如果内心波澜起伏，汲汲于功利，汲汲于悲喜，那么即便是再安逸的环境，都无法洗脱你心灵上的尘埃。正所谓"菩提本无树，明镜亦非台，本来无一物，何处染尘埃"，一切的杂念与烦忧，都源自动摇的心旌所激荡起的涟漪，只要带着牧童牛背吹笛、老翁临渊钓鱼的心绪，而不去自寻烦忧，那么，烦扰自当远离。

一 世上没有任何事情是值得忧虑的

忧虑是一种过度忧愁和伤感的情绪体验。正常人也会有忧虑的时候，但如果是毫无原因的忧虑，或虽有原因，但不能自控，显得心事重重、愁眉苦脸，就属于心理性的忧虑了。

如果一个人不及时调整，一味地忧虑下去，那么他只是在折磨自己，事情也不会发生任何的改变。

一个商人的妻子不停地劝慰着她那在床上翻来覆去、折腾了足有几百次的丈夫："睡吧，别再胡思乱想了。"

"嗨，老婆啊，"丈夫说，"几个月前，我借了一笔钱，明天就到还钱的日子了。可你知道，咱家哪儿有钱啊！你也知道，借给我钱的那些邻居们比蝎子还毒，我要是还不上钱，他们能饶得了我吗？为了这个，我能睡得着吗？"他接着又在床上继续翻来覆去。

妻子试图劝他，让他宽心："睡吧，等到明天，总会有办法的，我们说不定能弄到钱还债的。"

"不行了，一点儿办法都没有啦！"

最后，妻子忍耐不住了，她爬上房顶，对着邻居家高声喊道："你们知道，我丈夫欠你们的债明天就要到期了。现在我告诉你们：我丈夫明天没有钱还债！"她跑回卧室，对丈夫说："这回睡不着觉的不是你，而是他们了。"

如果凌晨三四点的时候，你还在忧虑，似乎全世界的重担都压在你肩膀上：到哪里去找一间合适的房子？找一份好一点的工作？怎样可以使那个啰唆的主管对你有好印象？儿子的健康、女儿的行为、明天的伙食、孩子们的学费……你的脑子里有许多烦恼、问题和亟待做的事在那里滚转翻腾。

深呼吸，睁开眼睛，再轻松地闭起来，告诉自己："不要怕。"仔细想想这些有魔力的字句，而且要真正相信，不要让你的心仍彷徨在恐惧和烦恼之中。

我们不能将忧虑与计划安排混为一谈，虽然二者都是对未来的一种考虑。未来的计划有助于你现实中的活动，使你对未来有自己的具体想法与行动指南。而忧虑只是因今后可能发生的事情而产生惰性。忧虑是一种流行的社会通病，几乎每个人都要花费大量的时间为未来担忧。忧虑消极而无益，既然你是在为毫无积极效果的行为浪费自己宝贵的时光，那么你就必须改变这一缺点。

请记住，世上没有任何事情是值得忧虑的。你可以让自己的一生在对未来的忧虑中度过，然而无论你多么忧虑，甚至抑郁而死，你都无法改变现实。

一 理清思绪，改变自己

在生活中，有些人因为阅历不够，常常会碰到一些无法改变的事情。遇到这些事情，不要去硬拼，没必要非弄个鱼死网破，因为鱼死了网也未必会破；也不必弄个玉碎瓦全，因为碎了的玉和瓦没什么区别，不如去顺应、去配合，把自己磨得圆滑一些。

生活中发生的很多事情也许将我们磨得失去了耐性，可是没有办法改变，又能怎么办呢？最好的办法，就是把生活当成自己的小情人吧，在经受挫折时，就当是他在发脾气，不要与他计较，哄哄他也是一种生活的情调。

小张是一所名牌大学的高才生，他不仅成绩出众，还是校学生会的主席,大学毕业后,他如愿以偿来到一家外资企业工作。可是不久他就发现,自己在公司干的都是些打杂的事情。

从名牌大学的高才生到别人的"助理",这样的现实让小张很难接受,特别是别人动不动就使唤他,让小张觉得尊严受到了挑战。他有时咬牙切齿地干完某事,又要笑容可掬地向有关人员汇报说:"已经做好了!"如此违心的两面派角色,让他自己都感到恶心。有几次,他还与同事争吵起来。

时间一长,小张的日子就不好过了,同事们几乎没人理他,孤傲的小张更加孤独了。

生活就是这样,当你没办法改变世界时,唯一的方法就是改变自己。还有另一个故事:

许多年前,一个妙龄少女来到东京酒店当服务员。这是她的第一份工作,因此她很激动,暗下决心:一定要好好干!她没想到,上司安排她洗厕所!洗厕所,说实话没人爱干,何况她从未干过粗重的活儿,细皮嫩肉、喜爱洁净的她干得了吗?她陷入了困惑、苦恼之中,也哭过鼻子。

这时,她面临着人生的一大抉择:是继续干下去,还是另谋职业?继续干下去——太难了!另谋职业——知难而退?她不甘心就这样败下阵来,因为她曾下过决心:人生第一步一定要走好,马虎不得!这时,同单位一位前辈及时出现在她面前,帮她摆脱了困惑、苦恼,帮她迈好了人生的第一步,更重要的是帮她认清了人生之路应该如何走。他并没有用空洞的理论去说教,只是亲自做给她看了一遍。

首先，他一遍遍地擦洗着马桶，直到光洁如新；然后，他从马桶里盛了一杯水，一饮而尽，竟然毫不勉强。实际行动胜过万语千言，他不用一言一语就告诉了少女一个极为朴素、极为简单的真理：光洁如新，要点在于"新"，新则不脏，因为不会有人认为新马桶脏，也因为马桶中的水是不脏的，所以是可以喝的；反过来讲，只有马桶中的水达到可以喝的洁净程度，才算是把马桶擦洗得"光洁如新"了，而这一点已被证明可以办得到。

同时，他送给她一个含蓄的、富有深意的微笑，送给她关注的、鼓励的目光。这已经够用了，因为她早已激动得几乎不能自持，从身体到灵魂都在震颤。她目瞪口呆，热泪盈眶，恍然大悟，如梦初醒！她痛下决心："就算一生洗厕所，也要做一名洗厕所洗得最出色的人！"

从此，她成为一个全新的、振奋的人，她的工作质量也达到了那位前辈的高水平。当然，她也多次喝过马桶水，为了检验自己的自信心，为了证实自己的工作质量，也为了强化自己的敬业心。

在生活和工作中，我们会遇到许多的不如意。比如，你是一个刚毕业的学生，很喜欢编辑工作，可是放在你面前的就只有文员的角色；你是一个准妈妈，很想要个儿子，可是生下来的偏偏是个女儿；你正处于事业的爬坡期，你以为升职的名单里会有你，可是另一个你认为不如你的人代替你升了职……既然改变不了事实，那么我们何不顺应环境，理清思绪，让自己重新开始呢？

一 生命短促，不要过于顾忌小事

鲁迅和林语堂是中国的两位知名文学家，他们原本是意气相投的老朋友，曾经同住在上海北四川路横滨桥附近的一个处所。有一天晚上，二人挥扇清谈，颇得情趣。正在高谈阔论之时，鲁迅先生不慎把吸剩的烟头随手一扔，烟头不偏不倚，正好落在林语堂先生的蚊帐下，竟把蚊帐烧去不小的一个角。

鲁迅本来是无心之失，林语堂却因此而十分不悦，立即当面责备起来。鲁迅感到对方火气太大，未免小题大做，有伤交友之道，于是，两人争吵起来。

一气之下，鲁迅便顶撞林语堂说："完全烧了便怎样，一共也不过5块钱罢了！"这两位名人，一个是国内外享有盛誉的"幽默大师"，一个是举世公认的"文坛巨匠"，却因为一件微不足道的小事而大伤和气，自此分居绝交，无疑是令人遗憾的。

事事计较、精于算计的人，不但容易损害人际关系，从医学的观点看，也对自己的身体极其有害。《红楼梦》里的林黛玉，虽有闭月羞花、沉鱼落雁的美丽容貌，可总是患得患失，别人一句无意的话都会让她辗转反侧，难于入眠，抑郁不已，再加上情感上的打击，终于落得个"红颜薄命"的悲惨结局。

还有这样一个故事：一群好朋友，原本欢欢喜喜地去饮酒，酒下了肚没有多久，大伙儿你一句、他一句地开玩笑，突然盘飞菜溅，大伙儿打成了一团。探讨原因，也不过是某甲说了某乙性无能，某乙认为伤了其男性的自尊心，一定要讨回面子而已。小小的一个玩笑演变成你死我伤的局面。

世上有许多类似的情节，皆为一句话、一个小举动弄得反目成仇，到头来失去朋友、断了交情，可谓得不偿失。古语有云"小不忍则乱大谋"，一点不假。

人生之事，只要不是原则性的大事，得过且过又何妨？人活在世上，理应开朗、豁达，活得超脱一些；凡事斤斤计较，只是徒增烦恼罢了。

我们活在这个世上只有短短的几十年，而浪费很多不可能再补回来的时间去忧愁一些很快就会被所有人忘了的小事，值得吗？请把时间只用在值得做的事情上，去经历真正的感情，去做必须做的事情。生命太短促了，不该再顾忌那些小事。

一 人生的快乐不在于拥有的多，而在于计较的少

为人处世，不免有形形色色的矛盾、烦恼，如果斤斤计较于每一件事，那生命无疑是一桩累赘，且充斥着悲剧色彩。

1945 年 3 月，罗勒·摩尔和其他 87 位军人在贝雅 S·S318 号潜艇上。当时雷达发现有一个驱逐舰队正往他们的方向开来，于是他们就向其中的一艘驱逐舰发射了三枚鱼雷，但都没有击中。

这艘舰也没有发现。但当他们准备攻击另一艘布雷舰的时候，它突然掉头向潜艇开来，可能是一架日本飞机看见这艘位于60英尺水深处的潜艇，用无线电告诉这艘布雷舰。

他们立刻潜到150英尺地方，以免被日方探测到，同时也准备应付深水炸弹。他们在所有的船盖上多加了几层栓子。3分钟之后，突然天崩地裂。6枚深水炸弹在他们的四周爆炸，他们直往水底——深达276英尺的地方下沉，他们都吓坏了。

按常识，如果潜水艇在不到500英尺的地方受到攻击，深水炸弹在离它17英尺之内爆炸的话，差不多是在劫难逃。罗勒·摩尔吓得不敢呼吸，他在想："这回完蛋了。"在电扇和空调系统关闭之后，潜艇的温度升到近40度，摩尔却全身发冷，牙齿打战，身冒冷汗。15小时之后，攻击停止了，显然那艘布雷舰的炸弹用光以后就离开了。

这15小时的攻击，对摩尔来说，就像有1500年。他过去所有的生活——浮现在眼前，他想到了以前所干的坏事，所有他曾担心过的一些很无聊的小事。他曾经为工作时间长、薪水太少、没有多少机会升迁而发愁；他也曾经为没有办法买自己的房子，没有钱买部新车子，没有钱给妻子买好衣服而忧虑；他非常讨厌自己的老板，因为这位老板常给他制造麻烦；他还记得每晚回家的时候，自己总感到非常疲倦和难过，常常跟自己的妻子为一点小事吵架；他也为自己额头上的一块小疤发愁过。

摩尔说："多年以来，那些令人发愁的事看来都是大事，可是在深水炸弹威胁着要把我送上西天的时候,这些事情又是多么的荒唐、渺小。"就在那时候,他向自己发誓,如果他还有机会见到太阳和星星的话,就永远永远不会再忧虑。在潜艇里那可怕的15小时里所学到的,比他在大学读了4年书所学到的要多得多。

我们可以相信一句话:人生中总是有很多的琐事纠缠着我们,但是我们不能与它斤斤计较,因为心胸狭窄是幸福的天敌。

生活中,将许多人击垮的有时并不是那些看似灭顶之灾的挑战,而是一些微不足道的、鸡毛蒜皮的小事。

大家都知道在法律上的一条格言:"法律不会去管那些小事情。"一个人总不该为一些小事斤斤计较、忧心忡忡,如果他希望求得心理上的平静和快乐的话。

很多时候,要想克服由一些小事情所引起的困扰,只需将你的注意力重点转移开来,给自己设定一个新的、能使你开心一点的看问题的角度与方法就可以了。这样你会重新收获生活的快乐。

一 放开自己,不纠结于已失去的事物

生活中有一种痛苦叫错过。人生中一些极美、极珍贵的东西,常常与我们失之交臂,这时的我们总会因为错过美好而感到遗憾和痛苦。其实喜欢一样东西不一定非要得到它,俗话说:"得不到的东西永远是最好的。"当你为一份美好而心醉时,远远地欣赏它或许是最明智的选择，错过它或许还会给你带来意想不到的收获。

美国的哈佛大学要在中国招一名学生，这名学生的所有费用由美国政府全额提供。初试结束了，有30名学生成为候选人。

考试结束后的第10天，是面试的日子。30名学生及其家长云集锦江饭店等待面试。当主考官劳伦斯·金出现在饭店的大厅时，一下子被大家围了起来，他们用流利的英语向他问候，有的甚至还迫不及待地向他做自我介绍。这时，只有一名学生，由于起身晚了一步，没来得及围上去，等他想接近主考官时，主考官的周围已经是水泄不通了，根本没有插空而入的可能。

他错过了接近主考官的大好机会于是有些懊丧起来。正在这时，他看见一个异国女人有些落寞地站在大厅一角，目光茫然地望着窗外，他想：身在异国的她是不是遇到了什么麻烦，不知自己能不能帮上忙。于是他走过去，彬彬有礼地和她打招呼，然后向她做了自我介绍，最后他问道："夫人，您有什么需要我帮助的吗？"接下来两个人聊得非常投机。

后来这名学生被劳伦斯·金选中了，在30名候选人中，他的成绩并不是最好的，而且面试之前他错过了跟主考官套近乎、加深自己在主考官心目中印象的最佳机会，但是他无心插柳柳成荫。原来，那位异国女子正是劳伦斯·金的夫人。

这件事曾经引起很多人的震动：原来错过了美丽，收获的并不一定是遗憾，有时甚至可能是圆满。

许多的心情，可能只有经历过之后才会懂得，如感情，痛过了之后才会懂得如何保护自己，傻过了之后才会懂得适时地坚持与放弃，在得到与失去的过程中，我们慢慢认识自己，其实生活并不需要这么多无谓的执着，没有什么真正不能割舍的，学会放弃，生活才会更容易！

因此，在你感觉到人生处于最困顿的时刻，也不要为错过而惋惜。失去的折磨会带给你意想不到的收获。花朵虽美，但毕竟有凋谢的一天，请不要再对花长叹了。因为可能在接下来的时间里，你将收获雨滴的温馨和浪漫。

睁一眼闭一眼，对小事不予计较

美国著名的成功学大师戴尔·卡耐基是一位处理人际关系的"老手"，然而早年时，也曾犯过小错误。

有一天晚上，卡耐基和自己的一个朋友应邀去参加一个宴会。宴席中，坐在他右边的一位先生讲了一段幽默故事，并引用了一句话，意思是"谋事在人，成事在天"。那位健谈的先生提到，他所引用的那句话出自《圣经》。然而，卡耐基发现他说错了，他很肯定地知道出处，一点疑问也没有。

出于一种认真的态度，卡耐基又很小心地纠正了过来。那位先生立刻反唇相讥："什么？出自莎士比亚？不可能！绝对不可能！"那位先生一时下不来台，不禁有些恼怒。当时卡耐基的老朋友弗兰克就坐在他的身边。弗兰克研究莎士比亚的著作已有多年，于是卡耐基就向他求证。弗兰克在桌下踢了卡耐基一脚，然后说："戴尔，你错了，这位先生是对的。这句话出自《圣经》。"

那晚回家的路上，卡耐基对弗兰克说："弗兰克，你明明知道那句话出自莎士比亚。""是的，当然。"弗兰克回答："在哈姆雷特第五幕第二场。可是亲爱的戴尔，我们是宴会上的客人，为什么要证明他错了？那样会使他喜欢你吗？他并没有征求你的意见，为什么不圆滑一些，保留他的脸面，非要说出实话而得罪他呢？"

一些无关紧要的小错误，放过去，无伤大局，那就没有必要去纠正它。这不仅是为了自己避免不必要的烦恼和人事纠纷，也顾到了别人的名誉，不致给别人带来无谓的烦恼。这样做，并非只是明哲保身，更体现了你处世的度量。

人们常说："凡事不能不认真，凡事不能太认真。"一件事情是否该认真，这要视场合而定。钻研学问更要讲究认真，面对大是大非的问题要讲究认真。但是，在不忘大原则的同时，我们要做适时的变通，对于一些无关大局的琐事，不必太认真。不看对象、不分地点地刻板认真，往往使自己处于一种尴尬的境地，处处被动受阻。每当在这种时候，如果能理智地后退一步，淡然处之，不失为一种追求至简生活的处世之道。

一 懂得放弃，内心的格局便开朗了

人生之所以多烦恼，皆因遇事不肯让他人一步，总觉得咽不下这口气。其实，这是很愚蠢的做法。

善于放弃是一种境界，是历尽跌宕起伏之后对世俗的一种正视，是饱经人间沧桑之后对财富的一种感悟，是运筹帷幄成竹在胸充满自信的一种流露。只有在了如指掌之后才会懂得放弃并善于放弃，只有在懂得放弃并善于放弃之后才会获得无尽的财富。

杨玢是宋朝时期的一个尚书，年纪大了便退休在家，安度晚年。他家住宅宽敞、舒适，家族人丁兴旺。有一天，他在书桌旁，正要拿起《庄子》来读，他的几个侄子跑进来，大声说："不好了，我们家的旧宅被邻居侵占了一大半，不能饶他！"

杨玢听后，问："不要急，慢慢说，他们家侵占了我们家的旧宅地？"

"是的。"侄子们回答。

杨玢又问："他们家的宅子大还是我们家的宅子大？"侄子们不知其意，说："当然是我们家宅子大。"

杨玢又问："他们占些我们家的旧宅地，于我们有何影响？"侄子们说："没有什么大影响，虽然如此，但他们不讲理，就不应该放过他们！"杨玢笑了。

过了一会儿，杨玢指着窗外落叶，问他们："树叶长在树上时，那枝条是属于它的，秋天树叶枯黄了落在地上，这时树叶怎么想？"他们不明白含义。杨玢干脆说："我这么大岁数，总有一天要死的，你们也有老的一天，也有要死的一天，争那一点点宅地对你们有什么用？"侄子们现在明白了杨玢讲的道理，说："我们原本要告他的，状子都写好了。"

侄子呈上状子，他看后，拿起笔在状子上写了四句话："四邻侵我我从伊，毕竟须思未有时。试上含光殿基望，秋风秋草正离离。"

写罢，他再次对侄子们说："我的意思是在私利上要看透一些，遇事都要退一步，不要斤斤计较。"

人的一生，不可能事事如意、样样顺心，生活的路上总有沟沟坎坎。你的奋斗、你的付出，也许没有预期的回报；你的理想、你的目标，也许永远难以实现。如果抱着一份怀才不遇之心而愤愤不平，如果抱着一腔委屈怨天尤人，难免让自己心力交瘁。

生活中，难免与人磕磕碰碰，难免遭别人误会猜疑。你的一念之差、你的一时之言，也许别人会加以放大和责难，你的认真、你的真诚，也许会被别人误解和中伤。如果非得以牙还牙拼个你死我活，如果非得为自己辩驳澄清，可能导致两败俱伤。

适时地咽下一口气，潇洒地甩甩头发，悠然地轻轻一笑，甩去烦恼，忘却恩怨。你会发现，内心的格局开朗了，天仍然很蓝，生活依然很美好。

一 难得糊涂是良训，做人不要太较真

怎样做人是一门学问，甚至是一门用毕生精力也未必能勘破个中因果的大学问，多少不甘寂寞的人穷究原委，试图领悟人生真谛，塑造辉煌的人生。然而人生的复杂性使人们不可能在有限的时间里洞明人生的全部内涵，但人们对人生的理解和感悟又总是局限在事件的启迪上。比如，处世不能太较真便是其中一理，这正是有人活得潇洒，有人活得累的原因之所在。

做人固然不能玩世不恭、游戏人生，但也不能太较真儿、认死理。"水至清则无鱼，人至察则无徒"，太认真了，就会对什么都看不惯，连一个朋友都容不下，把自己同社会隔绝开。镜子很平，但在高倍放大镜下，就成了凹凸不平的"山峦"；肉眼看很干净的东西，拿到显微镜下，满目都是细菌。试想，如果我们"戴"着放大镜、显微镜生活，恐怕连饭都不敢吃了；如果用放大镜去看别人的缺点，恐怕那家伙罪不容诛、无可救药了。

人非圣贤，孰能无过。与人相处就要互相谅解，经常以"难得糊涂"自勉，求大同存小异，有度量，能容人，你就会有许多朋友，且左右逢源，诸事遂愿；相反，"明察秋毫"，眼里揉不进半粒沙子，过分挑剔，什么鸡毛蒜皮的小事都要论个是非曲直，容不得人，人家也会躲你远远的，最后你只能关起门来"称孤道寡"，成为使人避之唯恐不及的异类。古今中外，凡是能成大事的人都具有一种优秀的品质，就是能容人所不能容，忍人所不能忍，善于求大同存小异，团结大多数人。他们胸怀豁达而不拘小节，大处着眼而不会鼠目寸光，并且从不斤斤计较、纠缠于琐事之中，所以他们才能成大事、立大业，使自己成为不平凡的伟人。

宋朝的范仲淹，是一个有远见卓识的人。他在用人的时候，主要是看人的气节而不计较人的细微不足。范仲淹做元帅的时候，招纳的幕僚，有些是犯了罪被朝廷贬官的，有些是被流放的，这些人被重用后，有的人不理解。范仲淹则认为："有才能没有过错的人，朝廷自然要重用他们。但世界上没有完人，如果有人确实是有用的人才，仅仅因为他的一点小毛病，或是因为做官议论朝政而遭祸，不看其主要方面，不靠一些特殊手段起用他们，他们就成了废人了。"尽管有些人有这样或那样的问题，但范仲淹只看其主流，他所使用的人大多是有用之才。

人非圣贤，孰能无过？有道德修养的人不在于不犯错误，而在于有过能改，不再犯过。所以用人时，用有过之人也是常事，应该看到他的过错只不过是偶然的，他的大方向是好的。《尚书·伊训》中有"与人不求备，检身若不及"的话，是说我们与人相处的时候，不求全责备，检查约束自己的时候，也许还不如别人。要求别人怎么去做的时候，应该先问一下自己能否做到。推己及人，严于律己，宽以待人，才能团结能够团结的人，共同做好工作。一味地苛求，就什么事情也办不好。

郑板桥的一句"难得糊涂"，至今仍被人们奉为是聪明的最高境界。其实，人生少一点较真儿，换来的将是更多的收获。

一 不要为了无聊的事小题大做

我们每天都会经历这样或那样的事。每件事的重要性也不尽相同，有的事情至关重要，而有的则无关紧要。重要的事情固然应当认真对待，然而如果小题大做，成天为无聊的小事而发愁的话，是无法成就大事的。当然，一些在无聊的细节之处过于较真的人，在社交中也是令人讨厌的。

布莱恩有一次在一家小旅馆住宿。

午夜时分，忽然听到浴室中有一种奇怪的声音。过了一会儿，布莱恩看见一只老鼠跳上镜台，然后又跳下地，在地板上做了些怪异的老鼠体操。后来它又跑回浴室，使布莱恩一夜都没睡好觉。

第二天早晨，他对打扫房间的女侍说："这间房里有老鼠，夜里出来，吵了我一夜。"女侍说："这旅馆里没有老鼠。这是头等旅馆，而且所有的房间都刚刚刷过漆。"

布莱恩下楼时对电梯司机说："你们的女侍倒真忠心。我告诉她说昨天晚上有只老鼠吵了我一夜，她说那是我的幻觉。"

没想到，电梯司机说："她说得对。这里绝对没有老鼠！"

布莱恩的话被他们传开了。柜台服务员和门口看门的在他走过时都用怪异的眼光看他。

第二天早晨，他到店里买了只老鼠笼和一包咸肉。他把这两件东西包好，偷偷带进旅馆，不让当时值班的员工看见。翌日早晨他起床时，看到老鼠在笼里，既是活的，又没有受伤。他心想，我将证据摆在他们面前，他们还怎样说我无中生有！

但在他准备走出房门时，忽然间意识到，如此做法，是否有些小题大做，岂不是显得自己太无聊，而且很讨厌？

于是布莱恩赶快轻轻走回房间，把老鼠放出，让它从窗外宽阔的窗台跑到邻屋的屋顶上去了。

半小时后，布莱恩退掉房间，离开旅馆，出门时把空老鼠笼递给侍者。他发现，厅中的人都向他微笑点头，目送着他推门而去。

如果布莱恩真的将老鼠带给前台，诚然能够证明他并没有说错，但同时他也证明了自己是多么的惹人讨厌。如果他真的这么做，那么他并不是赢家，只是一个无聊而又可笑的失败者。人生在世，往往会过于较真儿，为了证明自己是对的，而在一些无伤大雅的细节之处过分纠缠，但是在花费了不少气力和心思之后，不仅不能得到他人的认同，还可能惹人生厌。反之，如能像布莱恩一样，明智地选择放下心中的执念，不再执着于使人们信服旅馆中确实有老鼠，那么他失去的，仅仅是证明自己正确之后所获得的转瞬即逝的满足感，却收获了他人的认同，以及发自内心的赞许。在这里，布莱恩显示出了自己的智慧，同时也告诉我们，不要为无聊的小事小题大做，这样无知无谓亦无聊，放下对无谓的细节的纠缠，方能获得内心的畅快与释然。

第四章

迪斯忠告：活在当下最重要

——过去与未来，不值得忧心

一 迪斯忠告：活在当下最重要

迪斯忠告，由美国作家迪斯提出，讲的是：昨天过去了，今天只做今天的事，明天的事暂时不要管。关键是要把握好现在。

人生说长也长，说短也短。一年365天，如果你把每一天都过好了，那你的人生一定会很精彩。但在日常生活中，有很多人不是沉浸在对过去的思念中，就是陶醉于对未来的向往中，忘记了他们是活在今天的。每一个"今天"都这样过去后，你的人生一定只剩下抱怨和空想。

曾经读过一首诗，觉得非常好："不要为昨天叹息，不要为明天忧虑。因为明天只是个未来，昨天已成为过去。未来的不知是些什么，过去的只能留作记忆。只有今天，才是你真正拥有的。今天，是你冲锋的阵地。缅怀昨天、把握今天、迎接明天。昨天是成功的阶梯，明天是奋斗的继续。"

过去已无法改变，未来还没有到来，你能把握和拥有的只有现在。所以，与其抱怨过去的虚度，坐待明天的到来，不如奋起努力，把握今天。因为今天就在眼前，珍惜今天，不仅可以弥补昨天的不足和遗憾，更能为迎接明天做好准备。

《哈佛图书馆墙上的训言》中讲过一个这样的故事：

在华盛顿街区的一个屋檐下，有三个乞丐正在聊天。

一个乞丐说："想当年，我用10万美元炒成了百万富翁，要不是股票暴跌……"另一个乞丐说："那是多久以前的事啦，还提呢。看着吧，我明天早上到垃圾筒里看看，也许那里面就有张百万美元的支票，哈哈……"第三个乞丐没有言语，他独自走到别处，因为他必须先填饱肚子。而此时，那两个乞丐还在回忆着自己辉煌的过去和构想美好的未来呢。

第二天早上，当人们起来时，发现那两个怀念过去和畅想未来的乞丐都已经没气了，而那个寻食的乞丐，正吃得香呢。

这三个乞丐，代表的就是这世间的三种人，一种人活在过去，另一种人活在明天，还有一种人活在当下。活在过去的人，大多是活在过去的光环里，"当年勇""昨日功"让他们难以忘记。活在明天的人，都很理想化，没有到来的东西可以任凭我们想象。上了年纪的人，都喜欢提过去，因为他们没有多少明天好活；年轻人大多都喜欢说明天，因为他们过去没有什么经历。这两种人，大多今天过得都不太好，要用过去的美好记忆或明天的美好期望，来安慰今天的失败失意。他们不愿面对现实，害怕面对现实。其实，无论是怀念过去，还是畅想未来，都不过是自欺欺人的把戏，你的今天已经虚度，你的人生从此又少了一个创造奇迹的机遇。做人就要像第三个乞丐那样，才不会被饿死。

有些人，整天郁郁寡欢，一直抱怨过去的不幸，不停地抱怨并未给他带来任何好运，只能让他们的人生更加不幸。因为今天是明天的基础，明天会过成什么样，很大程度上取决于你有没有把握住今天。另一些人整天过得战战兢兢，用今天来为明天担忧，那明天只能为后天担忧。因为你浪费了创造明天的今天，明天自然就会如同你担忧的那般不如意。

"船到桥头自然直，车到山前必有路"，与其担心明天，不如立即行动让担忧的事情不再发生。

一 无论身处何地，全然地处于当下

我们可能遇到过这样的问题：过去犯过很严重的错误，内心深处受到了很大程度的谴责，可是又不知道应该用什么方法来弥补。这个时候，我们的内心是期待一个时间或者事件来拯救自己的。其实，这种心理上的期待是正确的，但是我们寄希望于时间的不确定性是错误的。因为能够拯救我们的就在此时此刻。

在新泽西州市郊的一座小镇上，一个由 26 个孩子组成的班级被安排在教学楼最里面一间光线昏暗的教室里。他们中所有的人都有过不光彩的历史：有人吸过毒，有人进过管教所，有一个女孩甚至在一年之内堕过三次胎。家长拿他们没办法，老师和学校也几乎放弃了他们。

就在这个时候，一个叫菲拉的女教师担任了这个班的辅导老师。新学年开始的第一天，菲拉没有像以前的老师那样，首先对这些孩子进行一顿训斥，给他们一个下马威，而是为大家出了一道题：

有三个候选人，他们分别是——

A 笃信巫医，有两个情妇，有多年的吸烟史，而且嗜酒如命。

B 曾经两次被赶出办公室，每天要到中午才起床，每晚都要喝大约1公升的白兰地，而且曾经有过吸食鸦片的记录。

C 曾是国家的战斗英雄，一直保持素食习惯，热爱艺术，偶尔喝点儿酒，年轻时从未做过违法的事。

菲拉给孩子们的问题是：

如果我告诉你们，在这三个人中，有一位会成为众人敬仰的伟人，你们认为会是谁？猜想一下，这三个人将来各自会有什么样的命运？

对于第一个问题，毋庸置疑，孩子们都选择了C；对于第二个问题，大家的推论也几乎一致：A和B将来的命运肯定不妙，要么成为罪犯，要么就是需要社会照顾的废物。而C呢，一定是一个品德高尚的人，注定成为精英。

然而，菲拉的答案让人大吃一惊。"孩子们，你们的结论也许符合一般的判断，但事实是，你们都错了。这三个人大家都很熟悉，他们是第二次世界大战时期的三个著名人物——A是富兰克林·罗斯福，他身残志坚，连任四届美国总统；B是温斯顿·丘吉尔，英国历史上最著名的首相；C的名字大家也很熟悉，他叫阿道夫·希特勒，一个夺去了几千万无辜生命的法西斯元凶。"学生们都呆呆地瞅着菲拉，他们简直不相信自己的耳朵。

"孩子们,"菲拉接着说,"你们的人生才刚刚开始,以往的过错和耻辱只能代表过去,真正能代表一个人一生的,是他现在和将来的所作所为。每个人都不是完人,连伟人也有过错。从过去的阴影里走出来吧,从现在开始,努力做自己最想做的事情,你们都将成为了不起的优秀人才……"

菲拉的这番话,改变了26个孩子一生的命运。如今这些孩子都已长大成人,他们中有的做了心理医生,有的做了法官,有的做了飞行员。值得一提的是,当年班里那个个子最矮也最爱捣乱的学生罗伯特·哈里森,后来成了华尔街上最年轻的基金经理人。

"原来我们都觉得自己已经无可救药,因为所有的人都这么认为。是菲拉老师第一次让我们觉醒:过去并不重要,我们还有可以把握的现在和将来。"孩子们长大后这样说。

过去的错误不可能影响我们的一生。如果我们一直带着对过去的愧疚,就没有办法融入现在,更不会有一个美好的未来。所以,不管我们身处何种境地,都应该全然地融入当下,从现在开始做起,改变自己,重新开始生活。

太多人习惯生活在下一个时刻

一位智者旅行时,曾途经古代一座城池的废墟。岁月已经让这个城池满目沧桑了,但依然能辨出昔日辉煌时的风采。智者想在此休息一下，就随手搬过一个石雕坐下来。

他望着废墟，想象着曾经发生过的故事，不由得感慨万千。

忽然，他听到有人说："先生，你感叹什么呀？"

他四下里望了望，却没有人，他疑惑着。那声音又响起来，原来声音来自那个石雕，那是一尊"双面神"像。

他从未见过双面神，就好奇地问："你为什么会有两副面孔呢？"

双面神说："有了两副面孔，我才能一面察看过去，牢牢吸取曾经的教训；另一面展望未来，去憧憬无限美好的明天。"

智者说："过去的只能是现在的逝去，再也无法留住；而未来又是现在的延续，是你现在无法得到的。你不把现在放在眼里，即使你能对过去了如指掌，对未来洞察先知，又有什么实在意义呢？"

听了智者的话，双面神不由得痛哭起来："先生啊，听了你的话，我才明白今天落得如此下场的根源。

"很久以前，我驻守这座城池时，自诩能够一面察看过去，一面又能展望未来，却唯独没有好好把握现在。结果这座城池便被敌人攻陷了，曾经的辉煌都成了过眼云烟，我也被人们唾骂而弃于这废墟中。"

悲观者总是活在过去，他们沉浸在已经发生过的灾难里无法自拔，不会去看现在，也看不到未来，只会反复重温已经无法弥补的伤痛。空想者总是活在未来，还没有买彩票，就开始考虑中了五百万以后要如何分配这些钱财，像极了小时候听到寓言故事里的两兄弟：看见一只雁飞过，他们便开始争吵，这只雁究竟是要清炖还是红烧，等他们吵出结果时雁早就飞走了。忽略现在的生活，似乎是很多人都会犯的通病。

威廉爵士说"人只能生存在今天的房间里"，这样就能成为一个快乐的人，满意地度过一生。

然而，太多的人好像习惯生活在下一个时刻。总是慌慌张张的，好像有永远忙不完的事。焦虑这个词，成了这个时代的流行词语。

有时候，我们自己都要奇怪为什么我们不能活在当下，而是不停地透支烦恼？

也许人总是有欲望的，如果得不到我们想要的，就会不停地去想我们所没有的，并且保持一种空虚感。即使得到我们想要的，我们还会在新的欲望下重新产生同样的想法。因此尽管得到了我们想要的，我们仍旧不高兴。于是我们开始浮躁，开始把希望寄托在未来。

我们总是急着等节假日的来临，总是盼望孩子快快长大，自己赶快退休在家待着。等我们真的老了时，又随时担心生命会在下一分钟结束。

我们总是忙不迭地过日子，一刻也不停地瞎转。

我们总是透支生活中的烦恼，不是为昨天的逝去而懊丧，就是为明天的到来而担忧，根本没有时间享受当下生活的轻松。

所以能认真地活在当下，简直成了一种愿望。好在这个愿望要实现起来并不困难。活在当下，就是享受你正在做的，而不是即将要做的。必须摆脱对"下一刻"的迷恋和幻想，它们大多数不切实际，有的虽然最终会得到，却剥夺了我们此刻的生活。

所以请记得不要一边吃饭一边想着办公室中的工作，不要一边工作又一边担心下班会塞车。

在当下，有很多值得我们体会的美好事情。

我们可以为每一天的日出欣喜不已。

我们可以分享与家人、朋友相处时的甜蜜。

我们可以学会与自然和谐共处，去聆听海浪之声，去仰望璀璨的星空……

属于当下的时间很有限，不要让欲望和烦恼挤掉它。

一切生活，唯有当下而已

时间的过去、现在和未来是互相交错不可分割的，所以说过去就是未来，未来也就是过去，现在就是过去以及未来。

但是我们很容易发现，在现实世界中，时间自然而然的流逝总让我们忽视了对生命的思索。不要被时间蒙骗，以为过去的已经过去，未来的一定会来，现在的永远不变。在时间的脉络中，我们唯一能够把握的就是现在，所以，不要牵挂过去，不要担心未来，踏实于现在，便能与过去和未来同在。

有人请教大龙禅师："有形的东西一定会消失，世上有永恒不变的真理吗？"

大龙禅师回答："山花开似锦，涧水湛如蓝。"

如锦缎般盛开的鲜花，虽然转眼便会凋谢，但依然不停地奔放绽开；碧玉般的溪水，虽然映照着同样蔚蓝如洗的天空，却每时每秒都在发生变化。

世界是美丽的，但似乎所有的美丽都会转瞬而逝。生命的意义在于过程，抓住瞬间消失的美丽，就是一种收获。时间像一支弦上的箭，它是单向的，不能回头，所以我们要把握住现在、今朝，认真活在当下的每一分钟。

从前，有个小和尚每天早上负责清扫寺庙院子里的落叶。

清晨起床扫落叶实在是一件苦差事，尤其在秋冬之际，每一次起风时，树叶总随风飞舞落下。

每天早上都需要花费许多时间才能清扫完树叶，这让小和尚头痛不已。他一直想要找个好办法让自己轻松些。

后来有个和尚跟他说："你在明天打扫之前先用力摇树，把落叶统统摇下来，后天就可以不用扫落叶了。"

小和尚觉得这是个好办法，于是隔天他起了个大早，使劲地摇树，他以为这样就可以把今天跟明天的落叶一次扫干净了。一整天小和尚都非常开心。

第二天，小和尚到院子里一看，不禁傻眼了：院子里如往日一样落叶满地。

这时老和尚走了过来，对小和尚说："傻孩子，无论你今天怎么用力，明天的落叶还是会飘下来。"

小和尚终于明白了，世上有很多事是无法提前的，唯有认真地活在当下，才是最真实的人生态度。

明天的落叶，怎么能在今天全部捡拾干净呢？再勤奋的人也不能在今天处理完明天的事情，所以，不要预支明天的烦恼，认真地活在今天比什么都重要！

活在当下的人，应该放下过去的烦恼，舍弃未来的忧思，顺其自然，把全部的精力用来承担眼前的这一刻，因为失去此刻便没有下一刻，不能珍惜今生也就无法向往未来。

有人问一位禅师：什么是活在当下？

禅师回答他，吃饭就是吃饭，睡觉就是睡觉，这就叫活在当下。的确，最重要的事情，就是我们现在做的事情；最重要的人，就是现在和我们一起做事情的人；最重要的时间，就是现在。

老禅师带着两个徒弟，提着一盏灯笼行走在夜色中，一阵风吹来，灯笼被吹灭了。

徒弟问："师父，怎么办？"

师父回答说："看脚下！"

当一切变成黑暗，身后的来路与前方的去路都看不见，如同前世与来生都摸不着。我们要做的是什么？唯有看脚下，看今生！

忘记无始无终的时空观念，对现有的生命悠然而受之，天冷了就添衣，天热了就脱衣，受而喜之，才能顺其自然。我们能够并且必须去把握的，唯有当下而已。

一 只有现时的存在，才有真实的自己

  时间并不能像金钱一样让我们随意储存起来，以备不时之需。我们所能使用的只有被给予的那一瞬间，也就是今日和现在。如果我们不能充分利用今日而让时间白白虚度，那么它将一去不复返。所谓"今日"，正是"昨日"计划中的"明日"；而这个宝贵的"今日"，不久将消失在遥远的彼方。对于我们每个人来讲，得以生存的只有现在——过去早已消失，而未来尚未来临。昨天，是张作废的支票；明天，是尚未兑现的期票；只有今天，才是现金，是有流通性的价值之物。

  人要学会在现时中生活，因为只有现时里才有真实的自己。需要注意的是，我们所用的"现时"一词，它更加强调的是"现在"这一时间概念。现实生活是你真正生活的关键所在。细想一下，除了"现在"，我们永远不能生活在任何其他时刻，你所能把握的只有现在的时光，其实未来也只不过是一种即将到来的"现在"。有一点可以肯定在未来到来之前，你是无法生活于未来之中的。

  有时人们不得不为将来牺牲现在。细细体味采取这种态度就意味着不仅要放弃目前的享受，而且要永远回避幸福——将来那

一时刻一旦到来,也就成为现时,而我们到那时又必须利用那一现时为更远的将来做准备。这样,幸福总是明日复明日,永远可望而不可即。

现时,是一种难以捉摸而又与你形影不离的时光,只有你完全沉浸于其中,才可得到一种美好的享受。因此,你应该充分享受现时的每分每秒,而不必去考虑已过去的往日和自然到来的将来。抓住现在的时光,这是你能够有所作为的唯一时刻。

回避现实往往导致对未来的一种理想化。希望、期望和惋惜都是回避现实的最为常见的方法。你可能想象自己在今后生活中的某一时刻,会发生一个奇迹般的转变,你一下子变得事事如意、幸福无比、财富无限。或者期望自己在完成某一特别业绩——如大学毕业、结婚、有了家庭或职务晋升之后,你将重新获得一种新的生活。然而,当那一刻真正到来时,你却并没获得自己原先想象的幸福,甚至往往有些令人失望。未来永远没有你所想象的那么美好,如诗如画,它也只是一种切切实实的将要到来的"现时"。为什么许多年轻人婚后不久就哀叹生活与婚姻的不幸,其中不乏一个原因——他们曾经将婚姻和未来幻想得过于幸福美满,而当这一切真正到来时,他们却因为没有珍惜而错过了现时的快乐。

当然,如果生活中的某些方面并没有达到你原先的期望,你可以通过对未来的再次理想化而将自己从低沉的情绪中解脱出来。但千万不要让这种恶性循环成为你的一种固定生活模式。立即采取一些改善现实生活的措施，打破这种恶性循环。

著名小说家亨利·詹姆斯在《大使们》一书中如此忠告：

"尽情地生活吧，否则，就是一个错误。你具体做什么都关系不大，关键是你要生活。假如没有生命，你还有什么呢……失去的就永远失去了，这是毫无疑义的……所谓适当的时刻就是人们仍然有幸得到的时刻……生活吧！"

如果你也像托尔斯泰书中的伊凡·伊里奇那样回顾自己的一生，你将会减少很多没有必要的遗憾。

"如果我到目前为止的整个生活都是错误的，那该怎么办？他忽然意识到以前在他看来完全不可能的事也许的确是真的——他也许真的没有按照他本应做的那样去生活。他忽然意识到，自己以前那些难以察觉的念头——尽管出现之后便随即被打消——或许才是真实的，而其他一切则是虚假的。他的职业义务、他的生活以及家庭的整个安排，还有他的一切社会利益和表面利益，也许完全都是虚无的。他一直在为这一切进行着辩解，然而现在，他蓦然感到自己的辩解是苍白无力的。没有什么值得辩解的……"

恰恰相反，正是那些你所没做的事情才会使你在心中耿耿于怀。如果你以自我挫败的方式度过现在的时光，就无异于永远地失去这一现时。因此，你现在应该去做的事情十分显然——行动起来！珍惜现在的时光，充分利用现在的时光，不要放过一分一秒。

一 将过去留在记忆里，重新起程

当生活变得郁闷难受的时候，你会渴望逃避令人难以忍受的现实，这是非常自然的事情。

于是，我们开始做白日梦，想到在学校的无忧时光，想到过去某个阳光和煦的沙滩。我们也许会在某种广告、某种邮卡或某部电影中看到过它并希望我们能够身临其境。或者，我们也许会回忆起一片我们曾经到过的乐土，那时生活似乎也没有现在这么复杂。

诸如此类的暂时性逃避，在解除我们的精神紧张方面，也许很有益处。但是，持续不断地靠怀念过去来逃避现实（逃入往事的回忆之中），是一种无益的习惯，其结果往往是使人逃避成熟的思考。

一个夏天的下午，在纽约的一家中国餐厅里，奥里森·科尔在等待着，他感到沮丧而消沉。由于他在工作中有几个地方出现错误，使他没有完成一项相当重要的项目。即使他在等待一位很重要的朋友时，也不能像平时一样感到快乐。

他的朋友终于从街那边走过来了，他是一名了不起的精神病医生。朋友的诊所就在附近，科尔知道那天他刚刚和最后一名病人谈完了话。

"怎么样，年轻人，"朋友不加寒暄就说，"什么事让你不痛快？"对朋友这种洞察心事的本领，科尔早就不意外了，因此他就直截了当地告诉朋友使自己烦恼的事情。然后，朋友说："来吧，到我的诊所去。我要看看你的反应。"

朋友从一个硬纸盒里拿出一卷录音带，塞进录音机里。"在这卷录音带上，"他说，"一共有三个来看我的人所说的话。当然没有必要说出他们的名字来。我要你注意听他们的话，看看你能不能挑出支配了这三个案例的共同因素，只有四个字。"他微笑了一下。

科尔听起来，录音带上这三个声音共有的特点是不快活。第一个是男人的声音，显示他遭到了某种生意上的损失或失败；第二个是女人的声音，说她有照顾寡母的责任感，以致一直没能结婚，她心酸地述说她错过了很多结婚的机会；第三个是一位母亲，因为她十几岁的儿子和警察有了冲突，她一直在责备自己。

在三个声音中，科尔听到他们一共六次用到四个文字："如果，只要。"

"你一定大感惊奇。"朋友说，"你知道我坐在这张椅子里，听到成千上万用这几个字作开头的内疚的话。他们不停地说，直到我要他们停下来。有的时候我会让他们听刚才你听的录音带，我对他们说：'如果，只要你不再说如果、只要，我们或许就能把问题解决掉！'"朋友伸伸他的腿，"用'如果，只要'这4个字的问题，"他说，"是因为这几个字不能改变既成的事实，却使我们面朝着错误的方面,向后退而不是向前进,并且只是浪费时间。最后,如果你用这几个字成了习惯,那这几个字就很可能变成阻碍你成功的真正的障碍,成为你不再去努力的借口。

"现在就拿你自己的例子来说吧。你的计划没有成功,为什么?因为你犯了一些错误。那有什么关系!每个人都会犯错误,错误能让我们学到教训。但是在你告诉我你犯了错误,而为这个遗憾、为那个懊悔的时候,你并没有从这些错误中学到什么。"

"你怎么知道?"科尔带着一点儿辩护地说。

"因为,"朋友说,"你没有脱离过去式,你没有一句话提到未来。从某些方面来说,你十分诚实,你内心里还以此为乐。我们每个人都有一点儿不太好的毛病,喜欢一再讨论过去的错误。因为不论怎么说,在叙述过去的灾难或挫折的时候,你还是主要角色,你还是整个事情的中心人物……"

在朋友的开导下,科尔终于意识到,自己沉浸在过去错失的阴影中,还没有真正走出自我,并用积极上进的态度去改变现在的处境。

以前的事情或许是美好的,或许是悲哀的,但无论如何你都不能把它们放在心灵的主祭台上,因为你不可能走进历史,经常哀叹不如意的过去,只会使人迟钝而不能使人振奋。而且总是沉湎于过去的人,会脱离对他极为重要的生活。

有人说,昨天就像使用过的支票,已经没有价值,只有今天才是现金,可以马上使用。一味地留恋过去,就会错过很多美好的事物,而这无疑是对生命的一种浪费,所以,在你面对生活的磨难时,一定不要怕,不要回避今天的真实与琐碎,要懂得将过去留在记忆里,以积极热情的心态开始自己新的生活。

请关上过去的那扇门

曾为英国首相的劳合·乔治有一个习惯——随手关上身后的门。一天,有一个朋友来拜访他,两个人在院子里一边散步,一边交谈,他们每经过一扇门,乔治都会随手把门关上。

朋友很纳闷儿,不解地问乔治:"有必要把这些门都关上吗?"乔治微笑着回答:"哦,当然有这个必要。我这一生都在关我身后的门,这是必须做的事。当你关门时,也就把过去的一切留在了后面,不管是美好的成就,还是让人懊恼的失误,然后,你才可能重新开始。"

把过去的一切关在身后,也就是卸下身心上的包袱,放弃已经到手的一切,这样才能更好地开始新生活,但这个问题往往被我们忽略。大多数人总是习惯于受过去的事情牵绊,无论成功或喜悦,无论失败或烦恼,挤占在脑海里不忍抛弃,结果使身心负载过重,浪费了精力,影响了事业的发展。所以,你应该试着学会经常把身后的门关上,把过去的一切留在身后。

关上身后的门，并不是把你过去的经验和教训关在身后，这些都是你人生的宝贵财富。你应把它们融入你的血液里，让它变成一种本能、一种习惯，这样更有利于你获得成功。

不为已经失去的而悲伤，这是一种大智慧！

每个人都希望自己的美好梦想变为绚丽现实。于是，在人生路上漫步时，我们犹如天真的孩童，总是瞪大好奇的眼睛期待珍宝的出现，并在行走中欣喜地将它拾起。人生经历的行囊，在不断地捡拾中变得越来越重，直到举步维艰。是断然放弃还是继续珍藏？这是每个人都无法避免的难题和麻烦。

放弃，是一种伤感的美丽……

如果曾经的心情宛如一个行者，孤身踯躅在无边的大漠，迎着风沙，艰难地跋涉。远处，残阳如血。抬眼望，遥远的一线天际空旷而寂寥，周身弥漫的是一种孤苦和凄凉。当情绪低落到极点时，为何不解决自己的问题，为何不放弃行囊中的抑郁？也许曾经收入行囊时，它们对我们来说是值得珍视的，给我们带来了欢乐。但随着岁月的流转，光阴的飞逝，它们的存在只会触痛我们的伤疤，它们的出现只能给我们留下黑夜辗转难眠时无声的泪水，为什么还要保存着它们？放弃它们，打开尘封已久的行囊，把它们倾倒出来！也许，这会使你痛苦，但是，放弃之后，你会发现，心会如此灵动，情会如此轻松。

每天都达成所愿，又何来明天烦忧

一日，弘一法师来到禅堂，为众僧讲佛。十分钟后，弘一法师敲过木鱼，环视屋内众僧，只见一小沙弥额头冒汗，双手颤抖。弘一法师问其原因，小沙弥回道："方才听师父讲诵佛法，以为能课业圆满，没想到心思怎么也集中不到一点上，以至如此。"弘一法师微微一笑，双手合十道："诸生烦恼，不过是纠结过多。心在当下，又何来纷扰。"

上班下班，吃饭走路，或者挤公共汽车，有人闭目却思绪万千，有人微笑却面色憔悴；望浮云而忧人生岁月，看今朝而恼明日风雨。名缰利索，奔忙劳累，一刻不得闲。这样的人，说来终归有些感时伤世。因为感时，故牵挂太多，明天将会如何，以后还能怎样，现在的落脚之处是否成为自己终身的陋室；因为伤世，而喜怒无常，试图寻求安宁的场所，眼见人来人往，空间被压缩，似乎连呼吸都显得如此困难。就像那个小沙弥一样，心思有碍，而不能彻悟。

在古人看来，这无疑是身心的"物役"，即为自己创造的事物所困，更为自己的精神世界所扰，想要寻得简单的生活，却终究不得。他们虽然工作着、生活着，却似一群被放逐的幽灵，生活在别处。执着于不可知的将来，于是雾非雾、花非花，朴质清新的一面也逐渐被世俗的尘埃所覆盖，不知道该往哪里去。自然万物无论怎么复杂，都是起于一物，最终落于一物。落于一物即是关照现在。执着于当下,庸人自扰似的无尽烦恼和因此而发的黯然神伤还会浮现于我们的心头吗?也唯有观照现在,执着于当下,内心才不致看似充沛实则荒芜,才可以简单通达的心态面对错综复杂的人世。

一个女子得了重病,需要马上手术,当女子的丈夫在手术同意书上签字的时候,他的手都哆嗦了,因为他害怕手术会让他们生死两重天。手术很成功,女子听到了丈夫欣喜的喊声。可是她根本睁不开眼睛,因为全身麻醉。看着心爱的妻子苍白的面庞,丈夫极为心疼。等女子睁开眼睛,护士长对女子的丈夫说:"如果排气了,就可以吃东西了。"可是她没有排气,气在她肚子里就是不出来,疼得女子汗流不止。女子后来告诉丈夫,当手术结束后,她想大哭一场,因为她又活了过来,她又可以和他吵架了。丈夫紧握妻子的双手说:"吃饭就吃饭,睡觉就睡觉,不许乱想、不许生气、不许生病,我要和你好好地度过每一天。"女子投入丈夫的怀抱,她想握住现在。

过去的,已经过去,未来的,还没发生!也许只有当人们遭遇不幸时,才会意识到当下时光的宝贵。就像上文中的这个女子一样,她的痛哭、她对手术结果的担忧。生活的起起伏伏总是很容易让我们回想过去,会让我们产生这样的叹息:为什么以前不那么做,为什么此刻才追悔莫及?慌乱和无措由此产生,继而对自己整个人生产生了怀疑。人的生命,一方面是吃食物,另一方面是消化食物;人的意识亦为一方面获取,另一方面付出,"获取"和"付出"是"明己",是智慧人生的体现。每一天都达成所愿,又何来明天之烦忧?

一 珍视今天,勿让等待妨害人生

有个创意家,总是给人以悠闲无事的感觉,但他的收入并不少。记者问他是怎么做到的,他说:"做时间的主人,别让时间做你的主人。"

这句话的意思是说,你可以决定什么时间做什么事,而不是让时间来决定你应该做什么事。时间对他而言只是桥梁,通过它,可以找到更合适的生活方式,而不仅仅是谋取财富。在他看来,时间还有更重要的使命:"有时间的人是活人,没有时间的人是死人。"

宋国大夫戴盈之曾对孟子说:"现在的赋税太重了,很想按照以前的井田制度,只征收十分之一的税,但是目前执行起来有困难,只能暂时减一点儿,明年再看着办,你以为如何?"孟子不置可否,只举了个例子:"有一个小偷,每天都偷邻居的鸡,别人警告他,再偷就将他送官,他哀求说,从今天开始,我每个月少偷一只,明年就洗手不干了,可以吗?"

其实,等待永远是美好的最大敌人。一个小偷不会因每个月少偷鸡而成为善良之辈,时间也不会在我们的等待之中变得漫漫无期。俄国作家赫尔岑认为,时间中没有"过去"和"将来",只有"现在"才是现实存在的时间，才是实实在在的、最有价值和最需要人们利用的时间。在这一点上，丘吉尔和爱因斯坦无疑是我们最好的榜样。

英国前首相丘吉尔平均每天工作17个小时，还使十个秘书也整日忙得团团转。为了提高政府机构的工作效率，他在行动迟缓的官员的手杖上，都贴上了"即日行动"的签条。

1904年，正当年轻的爱因斯坦潜心于研究的时候，他的儿子出生了。于是，在家里，他常常左手抱儿子，右手做运算。在街上，他也是一边推着婴儿车，一边思考着他的研究课题。妻儿熟睡了，他还到屋外点灯撰写论文。爱因斯坦就是这样抓住每一个今天，通过一点一滴积累，在一年中完成了四篇重要的论文，引领了物理学领域的一场革命。

钟表王国瑞士有一座温特图尔钟表博物馆。在博物馆里的一些古钟上，都刻着这样一句话："如果你跟得上时间步伐，你就不会默默无闻。"这句富有哲理的话，一定早已铭刻在许多成功者的心灵深处了。

珍惜生命，珍视"今天"，不放弃每天的努力，是成功者们共同信奉的信条。今天，如果你珍视每一分钟，你的生活又会是怎样呢？

多读一分钟：书太多了，人的时间太少了，多浪费一分钟，少阅读一本书。经常省下零零星星的一分钟，拿出一本喜欢又被遗忘很久的书来阅读。多读一分钟，你会感到很惬意。

多玩一分钟：人生倏忽一百年，少得可怜。每天多留一分钟，看一看山水，看一看大海和天空，看一看星星和月亮，就能把人生演绎得美妙多情些。

多陪孩子一分钟：孩子才是人生里最重要的资产之一，多一分钟赚钱，便少一分钟与孩子相处的机会。与孩子相处，你可以返璞归真，拥有童稚之心，无忧，欢乐。

多陪爱人一分钟：爱人不是用来拌嘴的对象，她是六十亿分之一的缘分与修得五百年福分的集合，在终老之前多陪她一分钟。一个一分钟很少，一百个一分钟也不多，但是千千万万个一分钟，可就不少了。每天预留一分钟给家人，人生便多了许多一分钟的美好。

不要奢望未来，享受此时此刻

现代人总觉得自己的生活疲惫，无暇享受此刻美好的生活，这是因为大家总是担心时间不够，就像总是觉得钱不够一样。停下脚步，享受已经拥有的时间、金钱与爱是生活中重要的一课。

释迦牟尼在没有成佛之前，经历过很多次的磨炼和苦修，从中领悟了许多人生的真谛。

有一天，释迦牟尼要进行一次长途的跋涉，他因为急于到达目的地，便无视路程的遥远和艰苦，努力地赶路。

长路漫漫，释迦牟尼累得精疲力竭，终于，眼看就要到达自己想去的地方了，他松了口气。就在他心情放轻松的同时，他感觉到自己的脚下有一颗小石子磨得双脚很不舒服。那颗石子很小，小到让人根本不觉得它的存在。

其实，在刚开始赶路时，他就已经清楚地感觉到那颗小石子在鞋子里，不断地刺痛着脚底，让他觉得不舒服。然而，他一心忙着赶路，不想浪费时间脱下鞋子，索性便把那颗小石子当作一种修行，不去理会。直到这时，他才停下急切的脚步，心想着：既然目的地已经快要抵达了，还有一些余暇，干脆就在山路上把鞋子脱下来，把脚下的小石子从鞋子里倒出来，让自己轻松一下吧！就在他低头弯腰准备脱鞋的时候，他的眼睛不自觉地瞄向路边的水光山色，竟发现它是如此的美丽。当下，他领悟了一个重要的道理：自己这一路走来，如此匆忙，心思意念竟然只专注在赶路上，甚至完全没有发现四周优美的景色。

他把鞋子脱下，然后将那颗小石子拿在手中，不禁赞叹着说："小石头啊！真想不到，这一路走来，你不断地刺痛我的脚掌心，原来是要提醒我，慢一点儿走，注意生命中的一切美好事物啊！"

如果天上的星星一生只出现一次，那么每个人都会出去仰望，而且看过的人一定都会大谈这次经历的庄严和壮观。传媒一定提前大做宣传，而且事后许久要大赞其美。星星果真只出现一次，我们一定不愿错过其美，不过它们每晚都闪亮，所以我们很少抬头望一眼天空。

正如罗丹所说:"生活中不是缺少美,而是缺少发现。"不会欣赏每日的生活是我们最大的悲哀。其实我们不必费心地四处寻找,美是随处可见的。

可惜的是,生活中的美总是被我们忽略,我们无意中预支了"此刻的生活"。要充分享受生活,就一定要学会放慢脚步,让自己停留在一个没有过去、没有未来、只有现在的地方。当你停止疲于奔命时,你会发现生命中未被发掘出来的美;反之,当生活在欲求永无止境的状态时,我们永远都无法体会生活的"慢"妙之美。

一 眼光是为看到现时的喜乐而存在

我们的眼光是为了看到现时的喜乐而存在的,如果始终将目光停留在消极之处,那么你只会变得越来越沮丧、自卑,无缘无故给自己增添烦恼,还会影响你的身心健康。结果,你的人生就可能被失败的阴影遮蔽它本该有的光辉。悲观失望的人在挫折面前,会陷入不能自拔的困境。

尤利乌斯是一个画家,而且是一个很不错的画家。他画快乐的世界,因为他自己就是一个快乐的人。不过没人买他的画,因此他想起来会有点儿伤感,但只是一会儿。

他的朋友们劝他:"玩玩足球彩票吧!只花 2 马克便可赢很

多钱！"

于是尤利乌斯花两马克买了一张彩票，并真的中了彩！他赚了50万马克。

他的朋友都对他说："你瞧！你多走运啊！现在你还经常画画吗？"

"我现在就只画支票上的数字！"尤利乌斯笑道。

尤利乌斯买了一幢别墅并对它进行了一番装修。他很有品位，买了许多好东西：阿富汗地毯、维也纳柜橱、佛罗伦萨小桌、迈森瓷器，还有古老的威尼斯吊灯。

尤利乌斯很满足地坐下来，他点燃一支香烟静静地享受他的幸福。突然他感到好孤单，便想去看看朋友。他把烟往地上一扔，在原来那个石头做的画室里他经常这样做，然后他就出去了。

燃烧着的香烟躺在地上，躺在华丽的阿富汗地毯上……一个小时以后，别墅变成一片火的海洋，它完全烧没了。

朋友们很快就知道了这个消息，他们都来安慰尤利乌斯。

"尤利乌斯，真是不幸呀！"他们说。

"怎么不幸了？"他问。

"损失呀！尤利乌斯，你现在什么都没有了。"

"什么呀？不过损失了2马克。"

朋友们为了失去的别墅而惋惜，尤利乌斯却不在意，正如他所说的，不过是2马克，怎么能够影响他正常的生活，让他陷入悲伤之中呢？由此可见，事情本身并不重要，重要的是面对事情的态度。只要有一双能够发现美好事物的眼睛,有一颗保持乐观的心,那么即使是再悲惨的事情,也不会让我们悲伤。

我们都有这样的感受:快乐开心的人在我们的记忆里会留存很长的时间,因为我们更愿意留下快乐的而不是悲伤的记忆。每当我们回想起那些勇敢且愉快的人们时,我们总能感受到一种柔和的亲切感。

千万不要让眼光停留在消极之处,让自己心情变得越来越消沉,一旦发现有这种倾向就要马上避免。我们应该养成乐观的个性,面对所有的打击都要坚韧地承受,面对生活的阴影也要勇敢地克服。要知道,任何事物总有光明的一面,我们应该去发现光明、美好的一面。垂头丧气和心情沮丧是非常危险的,这种情绪会减少我们生活的乐趣,甚至会毁灭我们的生活。

5

··· **第五章**

酸葡萄定律：只要你愿意，总有幸福的理由

——得不到的事物，不值得拥有

一 酸葡萄定律：只要你愿意，总有理由幸福

酸葡萄定律，指当自己的行为不符合社会价值标准或未达到所追求的目标时，人们便有一种自我安慰的心理机制，即认为得不到的都是不好的，得到的是好的。

《伊索寓言》中有这样一个家喻户晓的故事：一只饥饿的狐狸路过果林时，发现了架子上挂着一串串簇生的葡萄，垂涎三尺，可自己怎么也摘不到。就在很失望的时候，狐狸突然笑道："那些葡萄没有长熟，还是酸溜溜的。"于是高高兴兴地走了。事实上，葡萄还是没吃到，狐狸仍是饿着肚子，但一句自我安慰，让它走出了沮丧，变得快乐起来。

寓言中的狐狸，通过自我安慰，没吃到想吃的葡萄也很开心，属于典型的酸葡萄心理。这种心理，属于人类心理防卫功能的一种。当人们自己的需求无法得到满足时，便会产生挫折感，为了解除内心的不悦与不安，人们就会编造一些"理由"自我安慰，从而使自己从不满等消极心理状态中解脱出来。

实际生活中，酸葡萄式的自我安慰比比皆是。例如，没有找到男女朋友的单身族，常常会说，"一个人最好，多自在啊"；没考上名牌大学的人，常常会说，"读名牌有什么好，竞争力那么强，早

晚会累到变态"；有些人考试刚刚及格，而同桌却得了优秀，于是就说，"一看就是抄袭，投机取巧，没什么了不起的"……

与"酸葡萄"心理相对应的，还有一种"甜柠檬"心理，它指人们对得到的东西，尽管不喜欢或不满意，也坚持认为是好的。就好像一个人拿着青青的没熟的柠檬，明知柠檬熟透了才甜，但因为手上只有没熟的，就偏说自己这个柠檬味道一定很好，会特别甜。何况有柠檬总比没有的好，同样是一种自我安慰。

现实中，人们的"甜柠檬"心理同样比较普遍。例如，你买了一双鞋子，回来后觉得价钱太贵，颜色也不如意，但你和别人说起时，你可能会强调这是今年最流行的款式，质地是纯高档皮料，即使价格贵点也值得。还有，虽然你知道自己的男朋友有不少缺点，但在外人面前，你往往喜欢夸奖他的优点。

关于"酸葡萄甜柠檬定律"，心理学上有一个有趣的实验对此进行了间接的证明。

心理学家招募一定数量的学生来从事两项枯燥乏味的工作。一件是转动计分板上的48个木钉，每根钉子顺时针转1/4圈，再逆时针转回，反反复复进行半个小时。另一件是把一大把汤匙装进一个盘子，再一把把地拿出来，然后再放进去，来来回回半个小时。

学生们完成工作后，分别得到了1美元或20美元的奖励，同时，心理学家要求他们告诉下一个来做实验的人这个工作十分有趣。

结果发现，与一般的预期相反，得到1美元奖励的人反而认为工作比较有趣。

其实，这在一定程度上证明：人们对已经发生的不满意或不好的事情，倾向于通过自我安慰，把事情造成的不愉快等消极影响减轻。

通过这个定律，我们可以发现，对于相同一件事，如果从不同的角度去看，结论就会不尽相同，心情也会不一样。例如，当你失恋时，与其沉浸在过去的痛苦烦恼中，不如想一想，下一次遇到的人会比错过的这个好很多；当你遇到挫折时，可以想想"失败乃成功之母"，从失败中吸取教训也是一种收获；当遇到丢东西等倒霉事时，不妨想想"塞翁失马，焉知非福"……要知道，现实中几乎所有事情都存在积极性和消极性，如果你只看到消极的一面，只会令自己陷入低落、郁闷之中；相反，如果换个角度，从积极的一面去看，一切也许就会豁然开朗。

一 身外物，不奢恋

从前，有一个非常富有的国王，名叫米达斯。他拥有的黄金数量之多，超过了世上任何人。尽管如此，他仍认为自己拥有的黄金还不够多。他碰巧又获得了更多的黄金，这使他非常高兴。他把黄金藏在皇宫下面的几个大地窖中，每天都在那里待上很长时间清点自己有多少黄金。

米达斯国王有一个小女儿名叫马丽格德。国王非常喜欢这个小女儿,他告诉她:"你将成为世界上最富有的公主!"但是马丽格德对此不屑一顾。与父亲的财富相比,她更喜欢花园、鲜花与金色的阳光。她大部分时间都是一个人自己玩,因为父亲为获得更多的黄金和清点自己有多少黄金忙得不可开交。和别的父亲不同的是,他很少给她讲故事,也很少陪她去散步。

一天,米达斯国王又来到他的藏金屋。他反锁上大门,将藏金子的箱子打开。他把金子堆到桌子上,开始用手抚摸,看上去他很喜欢那种感觉。他让黄金从手指缝间滑落而下,微笑着倾听它们的碰撞声,仿佛那是一首美妙的曲子。突然一个人影落到了那堆金子上面。他抬起头,发现一个身着白衣的陌生人正对着他笑。米达斯国王吓了一跳。他明明记得把门锁上了呀!他的财宝并不安全!但是陌生人继续对着他微笑。

"你有许多黄金,米达斯国王。"他说道。

"对,"国王说道,"但与全世界所有的黄金相比,那又显得太少了!"

"什么!你并不满足吗?"陌生人问道。

"满足?"国王说,"我当然不满足。我经常夜不能寐,想方设法获得更多的黄金。我希望我摸到的任何东西都能变成黄金。"

"你真的希望那样吗,米达斯陛下?"

"我当然希望如此,其他任何事情都难以让我那样高兴。"

"那么你将实现你的愿望。明天早晨,当第一缕阳光透过窗子射进你的房间,你将获得点金术。"陌生人说完便消失了。

米达斯国王揉了揉眼睛。"我刚才一定是在做梦。"他说道,"如果这是真的,我该有多高兴啊!"

第二天米达斯国王醒来时,房间里晨光熹微。他伸手摸了一下床罩。什么也没有发生。"我知道那不是真的。"他叹了口气。就在这时,清晨的阳光透过窗户射进房间。米达斯国王刚才摸的床罩变成了黄金。

"这是真的,是真的!"他兴奋地喊道。他跳下床,在房间中跑来跑去,见什么摸什么。屋里的家具都变成了金子。他透过窗户,向马丽格德的花园望去。"我将给她一个莫大的惊喜。"他自言自语道。

他来到花园中,用手摸遍了马丽格德的花朵,把它们都变成了金子。"她一定会很高兴。"他想。他回到房间中,等着吃早饭。他拿起昨天晚上看过的书,然而他一碰到书,书就变成了金子。"我现在无法看这本书了,"他说道,"不过让它变成金子当然更好。"

就在这时,一个仆人端着吃的东西走了进来。"这饭看起来非常好吃,"他说道,"我先吃那个熟透了的红桃子。"他把桃子拿到手中,但是他还没有尝到桃子是什么滋味,它就变成了金子。米达斯国王把桃子放回到盘子中。"桃子很好看,我却不能吃!"他说道。他从盘子上拿起一个卷饼,但卷饼又立即变成了金子。他端起一杯水,但还没喝水就变成了金子。"我可怎么办啊?"他喊道,"我又饥又渴,我既不能吃金子,也不能喝金子!"

这时,房门开了,小马丽格德手里拿着一支玫瑰花走了进来,眼里噙满了泪水。

"出了什么事,女儿?"国王问道。

"噢,父亲!你看我的玫瑰花都怎么了?它们变得又硬又丑!"

"嘿,它们是金玫瑰,孩子,你不认为它们比以前的样子更好看吗?"

"不,"她抽泣着说,"它们没有香气,也不再生长。我喜欢活生生的玫瑰。"

"不要在意了,"国王说,"现在吃早饭吧。"

马丽格德注意到父亲没有吃饭,一脸的悲伤。"发生了什么事,亲爱的父亲?"她问道,然后向他跑过来。她伸开双臂,抱住他,他吻了她。但他突然痛苦地喊了起来。他摸了一下女儿,她那漂亮的脸蛋变成了金灿灿的金子,双眼什么也看不到,双唇无法吻他,双臂无法将他抱紧。她不再是一个可爱的、欢乐的小女孩了。她已经变成了一尊小金像。米达斯低下头,大声哭泣起来。

"你高兴吗,陛下?"他听到一个声音问道。他抬起头,看到那个陌生人站在他身旁。

"高兴?你怎么能这样问!我是世界上最不幸的人!"国王说道。

"你掌握了点金术,"陌生人说道,"那还不够吗?"米达斯国王仍低头不语。

"在食物与一杯凉水以及这些金子之间,你更愿意要哪一个?"

"噢,把我的小马丽格德还给我,我愿放弃所有的金子!"国王说道,"我已经失去了应该拥有的东西。"

"你现在比过去明智多了,米达斯国王,"陌生人说道,"跳到从花园旁边流过的那条河中,取一些河水,洒到你希望恢复原状的东西上。"说完这句话,陌生人就消失了。

米达斯一下跳起来,向小河跑去。他跳进去,取了一罐水,然后急忙返回皇宫。他把水洒到马丽格德身上,她的脸蛋立即恢复了血色。她睁开那双蓝眼睛。"啊,父亲!"她说道,"发生了什么事?"米达斯国王高兴地叫了一声,把女儿抱到怀中。从那以后,米达斯国王再也不喜欢金子了,他只钟爱金色的阳光与马丽格德的金发。

物欲太盛造成精神上永无宁静,永无快乐。正如故事中的国王一样,即使手中已有大量的黄金,还仍不满足。自学会点金术后,他可以拥有更多的金子,然而,凡他手可触及的地方,无论是什么东西,包括他的爱女,均变成了金的。国王陷入了烦恼,失去了快乐,也不再认为拥有更多的金子是幸福的。要想拥有幸福的生活,就要学会控制欲望,也要懂得放弃。放弃是一种让步,让步不是退步。让一步,然后养精蓄锐,为的是更好地向前冲。放弃是量力而行,明知得不到的东西,何必苦苦相求,明知做不到的事,何必硬撑着去做呢？须知该是你的便是你的，不是你的，任你苦苦挣扎也得不到。有时你以为得到了，可能失去的会更多；有时你以为失去了不少，却有可能获得了许多。"身外物，不奢恋"，这是思悟后的清醒。谁能做到这一点，谁就会活得轻松，过得自在。

一 放弃生活中的"第四个面包"

非洲草原上的狮子吃饱以后，即使羚羊从身边经过，也懒得抬一下眼皮；瑞士的奶牛也是一样，只要吃饱了肚子，它就会闲卧在阿尔卑斯山的斜坡上，一边享受温暖的阳光，一边慢条斯理地反刍。

有一位作家非常赞赏瑞士奶牛和非洲狮子的生存哲学。他说，假如你的饭量是三个面包，那么你为第四个面包所做的一切努力都是愚蠢的。

王立有一个做医生的朋友，几年前王立到一个宾馆去开会，一眼瞥见领班小姐貌若天仙，便上前搭讪。小姐莞尔一笑，用一种很不经意的口气说："先生，没看见你开车来哦！"他当即如五雷轰顶，大受刺激，从此立志加入有车族。后来朋友和王立在一起吃饭，几杯酒下肚之后，朋友告诉王立，准备把开了一年的"昌河"小面包卖掉，换一辆新款的"爱丽舍"。然后又问王立买车了没有？王立老老实实地回答，还没有，而且在看得见的将来也没有这种可能性。他同情地看着王立:"唉!一个男人,这一辈子如果没有开过车,那实在是太不幸了。"

这顿饭让王立吃得很惶惑。因为按他目前的收入水平,买辆"爱丽舍",他得不吃不喝地攒上好几年。更糟糕的是,若他有一天终于买上了汽车,也许在他还没有来得及品味"幸福"滋味的时候,一个有私人飞机的家伙对他说:"作为一个男人,没开过飞机太不幸了!"那他这辈子还有救吗?

这个问题让王立坐立不安了很长时间。如何挽救自己,免于堕入"不幸"的深渊,让他甚为苦恼。直到有一天,他无意中看到这样一段话:有菜篮子可提的女人最幸福。因为幸福其实渗透在我们生活中点点滴滴的细微之处,人生的真味存在于诸如提篮买菜这样平平淡淡的经历之中。我们时时刻刻拥有着它们,却无视它们的存在。

王立恍然大悟。原来他的朋友在用一个逻辑陷阱蓄意误导他:没有汽车是不幸的。你没有汽车,所以你是不幸的。但这个大前提本身就是错误的,因为"汽车"与"幸福"并无必然的联系。

在一个成功人士云集的聚会上,王立激动地表达了自己内心深处对幸福生活的理解:"不生病,不缺钱,做自己爱做的事。"会场上爆发出雷鸣般的掌声。

成功只是幸福的一个方面,而不是幸福的全部。人们对"成功"的需求是永无止境的,没完没了地追求来自外部世界的诱惑——大房子、新汽车、昂贵服饰等,尽管可以在某些方面得到物质上的快乐和满足，但是这些东西最终带给我们的是患得患失的压力和令人疲惫不堪的混乱。

两千多年前，苏格拉底站在熙熙攘攘的雅典集市上叹道："这儿有多少东西是我不需要的！"同样，在我们的生活中，也有很多看起来很重要的东西，其实，它们与我们的幸福并没有太大关系。我们对物质不能一味地排斥，毕竟精神生活是建立在物质生活之上的，但不能被物质约束。面对这个已经严重超载的世界，面对已被太多的欲求和不满压得喘不过气的生活，我们应当学会用好生活的减法，把生活中不必要的繁杂除去，让自己过一种自由、快乐、轻松的生活。

一 过多的欲望会蒙蔽你的幸福

人很多时候是很贪心的，就像很多人形容的那样：吃自助餐的最高境界是：扶墙进，扶墙出。进去扶墙是因为饿得发昏，四肢无力，而扶墙出则是因为撑得路都走不了。人愿意活受罪是因为怕吃亏。而有些时候，人总是对自己不满，还是因为太贪心，什么都想得到。

很多人常常抱怨自己的生活不够完美，觉得自己的个子不够高、自己的身材不够好、自己的房子不够大、自己的工资不够高、自己的老婆不够漂亮，自己在公司工作了好几年了却始终没有升职……总之，对于自己拥有的一切都感到不满，觉得自己不幸福。真正不快乐的原因是：不知足。一个人不知足的时候，即使在金屋银屋里面生活也不会快乐，一个知足的人即使住在茅草屋中也是快乐的。

剑桥教授安德鲁·克罗斯比说：真正的快乐是内心充满喜悦，是一种发自内心对生命的热爱。不管外界的环境和遭遇如何变化，都能保持快乐的心情，这就需要一种知足的心态。知足者常乐，因为对生活知足，所以他会感激上天的赠予，用一颗感恩的心去感谢生活，而不是总抱怨生活不够照顾自己。

有一个村庄，里面住着一个左眼失明的老头儿。

老头儿9岁那年一场高烧后，左眼就看不见东西了。他爹娘顿时泪流满面，一个独生的儿子瞎了一只眼睛可怎么办呀！没料到他却说自己左眼瞎了，右眼还能看得见呢！总比两只眼都瞎了要好！比起世界上的那些双目失明的人，不是要强多了吗？儿子的一番话，让爹娘停止了流泪。

老头儿的家境不好，爹娘无力供他读书，只好让他去私塾里旁听。他的爹娘为此十分伤心，他劝说道："我如今也已识了些字，虽然不多，但总比那些一天书没念、一个字不识的孩子强多了吧！"爹娘一听也觉得安然了许多。

后来，他娶了个嘴巴很大的媳妇。爹娘又觉得对不住儿子，而他却说和世界上的许多光棍汉比起来，自己是好到天上去了！这个媳妇勤快、能干，可脾气不好，把婆婆气得心口作痛。他劝母亲说:"天底下比她差得多的媳妇还有不少。媳妇脾气虽是暴躁了些,不过还是很勤快,又不骂人。"爹娘一听真有些道理,怄的气也少了。

老头儿的孩子都是闺女,于是媳妇总觉得对不起他们家,老头儿说世界上有好多结了婚的女人,压根儿就没有孩子。等日后我们老了,5个女儿女婿一起孝敬我们多好!比起那些虽有儿子几个,却妯娌不和,婆媳之间争得不得安宁要强得多!

可是,他家确实贫寒得很,妻子实在熬不下去了,便不断抱怨。他说:"比起那些拖儿带女四处讨饭的人家,饱一顿饥一顿,还要睡在别人的屋檐下,弄不好还会被狗咬一口,就会觉得日子还真是不赖。虽然没有馍吃,可是还有稀饭可以喝;虽然买不起新衣服,可总还有旧的衣裳穿,房子虽然有些漏雨的地方,可总还是住在屋子里边,和那些讨饭维持生活的人相比,日子可以算是天堂了。"

老头儿老了,想在合眼前把棺材做好,然后安安心心地走。可做的棺材属于非常寒酸的那一种,妻子愧疚不已,而老头儿却说,这棺材比起富贵人家的上等柏木是差远了,可是比起那些穷得连棺材都买不起、尸体用草席卷的人,不是要强多了吗?

老头儿活到72岁,无疾而终。他在临死之前,对哭泣的老伴儿说:"有啥好哭的,我已经活到72岁,比起那些活到八九十岁的人,不算高寿,可是比起那些四五十岁就死了的人,我不是好多了吗?"

老头儿死的时候,神态安详,脸上还留有笑容……

老头儿的人生观,正是一种乐天知足的人生观,永远不和那些比自己强的人攀比,用自己的拥有与那些没有拥有的人进行比较,并以此找到了快乐的人生哲学。人生不就这样吗?有总比没有强多了。

很多时候,我们就缺少老头儿的这种心境,当我们抱怨自己的衣服不是名牌的时候,是否想到还有很多人连一套像样的衣服都没有;当我们抱怨自己的丈夫没有钱的时候,可否想到那些相爱却已阴阳两重天的人;当我们抱怨自己的孩子没有拿到第一的时候,是否想到那些根本上不起学的孩子;当我们抱怨工作太累的时候,可否想到那些在街上摆着小摊的小贩们,他们每天起早贪黑,他们根本没有工夫去抱怨……其实,我们已经过得很好了,我们能够在偌大的城市拥有着自己的房子,哪怕只是租的,我们不用为吃饭发愁,我们拥有着体贴的妻子、可爱的孩子,有着依旧对自己牵肠挂肚的父母……实际上我们已经拥有得够多了,还有什么不满意的呢?快乐也是在知足中获得。

一 远离名利的烈焰,让生命逍遥自由

古今中外,为了生命的自由、潇洒,不少智者都懂得与名利保持距离。

惠子在梁国做了宰相,庄子想去见见这位好友。有人急忙报

告惠子："庄子来了，是想取代您的相位吧。"惠子很恐慌，想阻止庄子，派人在梁国搜了三日三夜。不料庄子从容而来拜见他，说："南方有只鸟，其名为凤凰，您可听说过？这凤凰展翅而起。从南海飞向北海，非梧桐不栖，非练实不食，非醴泉不饮。这时，有只猫头鹰正津津有味地吃着一只腐烂的老鼠，恰好凤凰从头顶飞过。猫头鹰急忙护住腐鼠，仰头视之道：'吓！'现在您也想用您的梁国相位来吓我吗？"惠子十分羞愧。

一天，庄子正在濮水垂钓。楚王委派的两位大夫前来聘请他："吾王久闻先生贤名，欲以国事相累。"庄子持竿不顾，淡然说道："我听说楚国有只神龟，被杀死时已三千岁了。楚王珍藏之以竹箱，覆之以锦缎，供奉在庙堂之上。请问大夫，此龟是宁愿死后留骨而贵，还是宁愿生时在泥水中潜行曳尾呢？"两位大夫道："自然是愿意在泥水中摇尾而行了。"庄子说："两位大夫请回去吧！我也愿在泥水中曳尾而行。"

庄子不慕名利，不恋权势，为自由而活，可谓洞悉幸福真谛的达人。

人活在世界上，无论贫穷富贵、穷达逆顺，都免不了与名利打交道。《清代皇帝秘史》记述乾隆皇帝下江南时，来到江苏镇江的金山寺，看到山脚下大江东去，百舸争流，不禁兴致大发，随口问一个老和尚："你在这里住了几十年，可知道每天来来往往多少只船？"老和尚回答说："我只看到两只船。一只为名，一只为利。"一语道破天机。

淡泊名利是一种境界，追逐名利是一种贪欲。放眼古今中外，真正淡泊名利的很少，追逐名利的很多。今天的社会是五彩斑斓的大千世界，充溢着各种各样炫人耳目的名利诱惑，要做到淡泊名利确实是一件不容易的事情。

旷世巨作《飘》的作者玛格丽特·米切尔说过："直到你失去了名誉以后，你才会知道这玩意儿有多累赘，才会知道真正的自由是什么。"盛名之下，是一颗活得很累的心，因为它只是在为别人而活着。我们常羡慕那些名人的风光，可我们是否了解他们的苦衷？其实大家都一样，希望能活出自我，能活出自我的人生才更有意义。

世间有许多诱惑：桂冠、金钱，但那都是身外之物，只有生命最美，快乐最贵。我们要想活得潇洒自在，要想过得幸福快乐，就必须做到：学会淡泊名利，割断权与利的联系，无官不去争，有官不去斗；位高不自傲，位低不自卑，欣然享受清心自在的美好时光，这样就会感受到生活的快乐和惬意。否则，太看重权力地位，让一生的快乐都毁在争权夺利中，那就太不值得，也太愚蠢了。

当然，放弃荣誉并不是寻常人具有的，它是经历磨难、挫折后的一种心灵上的感悟，一种精神上的升华。"宠辱不惊，去留无意"说起来容易，做起来却十分困难。红尘的多姿、世界的多彩令大家怦然心动，名利皆你我所欲，又怎能不忧不惧、不喜不悲呢？否则也不会有那么多的人穷尽一生追名逐利，更不会有那么多的人失意落魄、心灰意冷了。只有做到了宠辱不惊、去留无意，方能心态平和，恬然自得，方能达观进取，笑看人生。

一 知足可以挪去你的各种贪念

老子曾说过："祸莫大于不知足，咎莫大于欲得。"

自老子以后，很多先哲提倡"知足知止"的教条，这个教条也确实在紧紧地约束着中国人的行止。比如庄子就是一个清心寡欲的人，他曾告诫人们："知足者，不以利自累也。"王廷相则说："君子不辞乎福，而能知足也；不去乎利，而能知足也。故随遇而安，有天下而不与也，其道至矣乎！"吕坤也有一言曰："万物安于知足，死于无厌。"

从古至今，人类始终难以摆脱欲望。在欲望的支配下，人们会做出许多不可理解的事情。当自己的欲望得到满足的时候，就万事顺心。可是，当欲望没有达成的时候，人们的心理就会失衡，就会产生抱怨的情绪。所以，抱怨源自不知足，只有知足的人才能感受到人生的富足。

哲学家克里安德，当年虽已八十高龄，但依然仙风道骨，非常健壮，有人问他："谁是世上最富有的人！"

克里安德斩钉截铁地说："知足的人。"

这句话恰和老子的"知足者富"的说法如出一辙。

曾有人问当代美国最富有的石油大王史泰莱："怎样才能致富？"

这位石油大王不假思索地回答："节约。"

"谁比你更富有？"

"知足的人。"

"知足就是最大的财富吗？"

史泰莱引用了罗马哲学家塞涅卡的一句名言来回答说："最大的财富，是在于无欲。"

塞涅卡还有一句智慧的话："如果你不能对现在的一切感到满足，那么纵使让你拥有全世界，你也不会幸福。"

最妙的是，罗马大政治家兼哲学家西塞罗也曾有类似的说法："对于我们现在有的一切感到满足，就是财富上的最大保证。"

知足者常乐，知足便不作非分之想；知足便不好高骛远；知足便安若止水、气静心平；知足便不贪婪、不奢求、不巧取豪夺。知足者温饱不虑便是幸事；知足者无病无灾便是福泽。过分地贪取、无理的要求，只是徒然带给自己烦恼而已，在日日夜夜的焦虑企盼中，还没有尝到快乐之前，已饱受痛苦煎熬了。因此古人说："养心莫善于寡欲。"我们如果能够把握住自己的心，驾驭好自己的欲望，不贪得、不觊觎，做到寡欲无求，生活上自然能够知足常乐、随遇而安了。

知足不是自满和自负，不是装饰，不是自谦，而是知荣辱、乐自然。知足的人即满足于自我的人，知足者能认识到无止境的欲望和痛苦，于是就干脆压抑一些无法实现的欲望，这样虽然看起来比较残忍，但它减少了更多的痛苦。在能实现的欲望之内，他拼命为之奋斗，一旦得到了自己的所求，快乐便油然而生，每上一个台阶，快乐的程度也会高出一个台阶。只有经常知足，在自我能达到的范围之内去要求自己，而不是刻意去勉强自己、强迫自己，而是自觉地知足，才能心平气和去享受独得之乐。

一 莫为名利诱，量力缓缓行

懂得知足的人往往会量力而行。即使前面有很多诱惑，但是他仍然能够不为所动，仔细斟酌自己一天至多能行多远。他深思熟虑之后才去安排行程。尤其是在一条从没走过的道路，他会花费更多的心思去衡量：何处崎岖、何处坎坷、何处严寒、何处酷热，他都要弄得一清二楚。不管别人给他施加多少压力，或者前方有多少诱惑，他都不急不躁，沿着既定的路线缓缓而行。

蒋方初到广州时，曾为找工作奔波了好长一段时间，起初他见几个跑业务的同学业绩不俗，赚了不少钱，学中文专业的他便找了家公司做业务员，然而，辛辛苦苦跑了几个月，不但没赚到钱，人倒瘦了十几斤。同学们分析说："你能力不比我们差，但你的性格内向，不爱与人交谈、沟通，不善交际，因此不太适合跑业务……"

后来蒋方见一位在工厂做生产管理的朋友薪水高、待遇好，便动了心，费尽心力谋到了一份生产主管的职位，可是没做多久他就因管理不善而引咎辞职了。之后，蒋方又做过公司的会计、餐厅经理等，最终出于各种原因都被迫离职跳槽。

最后，蒋方痛定思痛，吸取了前几次的教训，不再盲目追逐高薪或舒适的职位，而是依据自己的爱好和特长，凭借自己的中文系本科学历和深厚的文字功底，应聘到一家杂志社做了文字编辑。这份工作相比于以前的职位，虽然薪水不高，工作量也大，但蒋方做得非常开心，工作起来得心应手。几个月下来，他就以自己突出的能力和表现让领导刮目相看。回顾以往的工作历程，蒋方深有感触地说："无论是工作还是生活，我们都应当根据自己的能力找到合适自己的位置。一味地追逐高薪、舒适的工作，曾让我吃尽了苦头，走了不少弯路。事实上，我们无论做什么事都应结合自身条件，依据自己的爱好和特长去选择相应的事来做。放弃那些不适合自己的生活，只有这样我们才会快乐。"

就如同故事里的蒋方，很多人都是受到了生活的诱惑，总觉得自己有能力可以获取更多，可是事实是我们还不具备那么多的力量，贪图诱惑，朝着更大的目标行进，只会增大压力，让自己无法适从。

生活中，有人看到了巨大的利益，所以不停地调整自己的路线，甚至急躁地想要直奔利益的终点，可是急于求成的人往往会事倍功半。还有一些人，他们整天都在为了未来的事情操心，可能几十年以后才可能面对的难处，他们现在就开始忧心忡忡了。

第六章
完美情结：既要马儿跑，又要马儿不吃草
——不现实的完美，不值得追求

一 完美只是海市蜃楼的幻想

在佛教的《百喻经》中，有这样一则可笑而发人深省的故事。

有一位先生娶了一个体态婀娜、面貌娟秀的太太，两人恩恩爱爱，是人人称羡的神仙美眷。这个太太眉清目秀，性情温和，美中不足的是长了个酒渣鼻子，好像失职的艺术家，对于一件原本足以称傲于世间的艺术精品，少雕刻了几刀，显得非常的突兀怪异。

这位先生对于太太的鼻子终日耿耿于怀。一日出外去经商，行经贩卖奴隶的市场，宽阔的广场上，四周人声沸腾，争相吆喝出价，抢购奴隶。广场中央站了一个身材单薄、瘦小清癯的女孩子，正以一双汪汪的泪眼，怯生生地环顾着这群如狼似虎、决定她一生命运的大男人。

这位先生仔细端详女孩子的容貌，突然间，他被深深地吸引住了。好极了！这个女孩子的脸上长着一个端端正正的鼻子，不计一切，买下她！

这位先生以高价买下了长着端正鼻子的女孩子，兴高采烈，带着女孩子日夜兼程赶回家门，想给心爱的妻子一个惊喜。到了家中，把女孩子安顿好之后，他用刀子割下女孩子漂亮的鼻子，拿着血淋淋而温热的鼻子，大声疾呼：

"太太！快出来哟！看我给你买回来最宝贵的礼物！"

"什么样贵重的礼物，让你如此大呼小叫的？"太太狐疑不解地应声走出来。

"你看！我为你买了个端正美丽的鼻子，你戴上看看。"

这位先生说完，突然抽出怀中锋锐的利刃，一刀朝太太的酒渣鼻子砍去。霎时太太的鼻梁血流如注，酒渣鼻子掉落在地上，他赶忙用双手把端正的鼻子嵌贴在伤口处。但是无论他如何的努力，那个漂亮的鼻子始终无法黏在妻子的鼻梁上。

可怜的妻子，既得不到丈夫苦心买回来的端正而美丽的鼻子，又失掉了自己那虽然丑陋但是货真价实的酒渣鼻子，并且受到无端的刀刃创痛。而那位糊涂丈夫的愚昧无知，更叫人可怜！

这个行为虽然让人觉得有些可笑，但是人们追求完美的心理，却与文中那个手拿利刀的丈夫如出一辙。有些人以为自己追求完美的心理是积极向上的表现，其实他们才是最可怜的人，因为他们是在追求不完美中的完美，而这种完美根本不存在。也就是说他们所有的追求如海市蜃楼，只是一个幻影而已。

俗话说："人无完人，金无足赤。"人生确实有许多不完美之处，每个人都会有这样那样的缺憾，真正完美的人是不存在的，即使是中国古代的四大美女，也有各自的不足之处。历史记载，西施的脚大，王昭君双肩仄削，貂蝉的耳垂太小，杨贵妃患有狐臭。道理虽然浅显，可当我们真正面对自己的缺陷，生活中不尽如人意之处时，却又总感到懊恼、烦躁。

不完满才是人生

一位名叫奥里森的人希望寻找到一个完美的人生，他某天有幸遇到了一位女士，她告诉奥里森她能帮他实现愿望，并把他带到了一所房子前让他选择他的命运。奥里森谢过她，向隔壁的房间走去。里面的房间有两个门，第一个门上写着"终生的伴侣"，另一个门上写的是"至死不变心"。奥里森忌讳那个"死"字，于是便迈进了第一个门。接着，又看见两个门，左边写着"美丽、年轻的姑娘"，右面则是"富有经验、成熟的妇女和寡妇们"。当然可想而知，左边的那扇门更能吸引奥里森的心。可是，进去以后，又有两个门。上面分别写的是"苗条、标准的身材"和"略微肥胖、体型稍有缺陷者"。用不着多想，苗条的姑娘更中奥里森的意。

奥里森感到自己好像进了一个庞大的分拣器，在被不断地筛选着。下面分别看到的是他未来的伴侣操持家务的能力，一扇门上是"爱织毛衣、会做衣服、擅长烹调"，另一扇门上则是"爱打扑克、喜欢旅游、需要保姆"。当然爱织毛衣的姑娘又赢得了奥里森的心。

他推开了把手，岂料又遇到两个门。这一次，令人高兴的是，介绍所把各位候选人的内在品质也都分了类，两个门分别介绍了她们的精神修养和道德状态："忠诚、多情、缺乏经验"和"天才，具有高度的智力"。

奥里森确信，他自己的才能已能够应付全家的生活，于是，便迈进了第一个房间。里面，右侧的门上写着"疼爱自己的丈夫"，左侧写的是"需要丈夫随时陪伴她"。当然奥里森需要一个疼爱他的妻子。下面的两个门对奥里森来说是一个极为重要的抉择：上面分别写的是"有遗产，生活富裕，有一幢漂亮的住宅"和"凭工资吃饭"。理所当然地，奥里森选择了前者。奥里森推开了那扇门，天啊……已经上了马路了！那位身穿浅蓝色制服的门卫向奥里森走来。他什么话也没有说，彬彬有礼地递给奥里森一个玫瑰色的信封。奥里森打开一看，里面有一张纸条，上面写着："您已经'挑花了眼'。"

人不是十全十美的。在提出自己的要求之前，应当客观地认识自己。像奥里森那样渴求人生的完美，不仅对自己的心灵带来沉重负担，也是"不可能完成的任务"。其实人生当有不足才是一种"圆满"，因为不完美才让人们有盼头、有希望。古人常说人生不如意事十之八九，聪明的人应该明白这个道理。

古时候，一户人家有两个儿子。当两兄弟都成年以后，他们的父亲把他们叫到面前说：在群山深处有绝世美玉，你们都成年了，应该做探险家，去寻求那绝世之宝，找不到就不要回来。兄弟俩次日就离家出发去了山中。

大哥是一个注重实际、不好高骛远的人。有时候，发现的是一块有残缺的玉，或者是一块成色一般的玉，甚至是那些奇异的石头，他都统统装进行囊。过了几年，到了他和弟弟约定的会合回家的时间。此时他的行囊已经满满的了，尽管没有父亲所说的绝世完美之玉，但造型各异、成色不等的众多玉石，在他看来也可以令父亲满意了。

后来弟弟来了，两手空空，一无所得。弟弟说，你这些东西都不过是一般的珍宝，不是父亲要我们找的绝世珍品，拿回去父亲也不会满意的。我不回去，父亲说过，找不到绝世珍宝就不能回家，我要继续去更远更险的山中探寻，我一定要找到绝世美玉。哥哥带着自己的那些东西回到了家中。父亲说，你可以开一个玉石馆或一个奇石馆，那些玉石稍一加工，都是稀世之品，那些奇石也是一笔巨大的财富。短短几年，哥哥的玉石馆已经享誉八方，他寻找的玉石中，有一块经过加工成为不可多得的美玉，被国王御用为传国玉玺，哥哥因此也成了倾城之富。在哥哥回来的时候，父亲听了他介绍弟弟探宝的经历后说，你弟弟不会回来了，他是一个不合格的探险家，他如果幸运，能中途所悟，明白至美是不存在的这个道理，是他的福气。如果他不能早悟，便只能以付出一生为代价了。

很多年以后，父亲的生命已经奄奄一息。哥哥对父亲说要派人去寻找弟弟。父亲说，不必去找，如果经过了这么长的时间和挫折都不能顿悟，这样的人即便回来又能做成什么事情呢？

世间没有纯美的玉，没有完美的人，没有绝对的事物，为追求这种东西而耗费生命的人，是多么的不值！人也是如此，智者再优秀也有缺点,愚者再愚蠢也有优点。对人多做正面评估,不以放大镜去看缺点,生活中对己宽、对人严的做法,必遭别人唾弃。避免以完美主义的眼光去观察每一个人,以宽容之心包容其缺点。责难之心少有,宽容之心多些。没有遗憾的过去无法链接人生。对于每个人来讲,不完美是客观存在的,无须苛求,怨天尤人。

一 苛求完美,生活会和你过不去

"金无足赤,人无完人。"即使是全世界最出色的足球选手,10次传球,也有4次失误;最棒的股票投资专家,也有马失前蹄的时候。我们每个人都不是完人,都有可能存在这样或那样的过失,谁能保证自己的一生不犯错误呢?也许只是程度不同罢了。如果你不断追求完美,对自己做错或没有达到完美标准的事深深自责,那么一辈子都会背着罪恶感生活。

过分苛求完美的人常常伴随着莫大的焦虑、沮丧和压抑。事情刚开始,他们就担心失败,生怕干得不够漂亮而不安,这就妨碍了他们全力以赴地去取得成功。而一旦遭遇失败,他们就会异常灰心,想尽快从失败的境遇中逃离。他们没有从失败中获取任何教训,而只是想方设法让自己避免尴尬的场面。

很显然,背负着如此沉重的精神包袱,不用说在事业上谋求成功，在自尊心、家庭问题、人际关系等方面，也不可能取得满意的效果。他们抱着一种不正确和不合逻辑的态度对待生活和工作，他们永远无法让自己感到满足。

日本有一名僧人叫奕堂，他曾在香积寺风外和尚处担任典座一职（即负责斋堂）。有一天，寺里有法事，由于情况特殊必须提早进食。乱了手脚的奕堂匆匆忙忙地把白萝卜、胡萝卜、青菜随便洗一洗，切成大块就放到锅里去煮。他没有想到青菜里居然有条小蛇，就把煮好的菜盛到碗里直接端出来给客人吃。

客人一点儿也没发觉。当法事结束，客人回去后，风外把奕堂叫去，风外用筷子把碗中的东西挑起来问他：

"这是什么？"奕堂仔细一看，原来是蛇头。他心想这下完了，不过还是若无其事地回答："那是个胡萝卜的蒂头。"奕堂说完就把蛇头拿过来，咕噜一声吞下去了。风外对此佩服不已。

智者即是如此，犯了错误，他不会一味地自责、内疚或寻找借口，而是采取适度的方式正确地对待。

张爱玲在她的小说《红玫瑰与白玫瑰》中写了男主角佟振保的爱恋，同时也一针见血地道破了男人的心理以及完美之梦的破灭：白玫瑰有如圣洁的恋人，红玫瑰则是热烈的情人。娶了白玫瑰，久而久之，变成了胸口的一粒白米饭，而红玫瑰则有如胸口的朱砂痣；娶了红玫瑰，年复一年，则变成蚊帐上的一抹蚊子血，而白玫瑰则仿佛是床前明月光。

事实上，世界上根本就没有真正的"最大、最美"，人们要学会不对自己、他人苛求完美，对自己宽容一些，否则会浪费掉许许多多的时间和精力，最终只能在光阴蹉跎中悔恨。

世界并不完美，人生当有不足。对于每个人来讲，不完美的生活是客观存在的，无须怨天尤人。不要再继续偏执了，给自己的心留一条退路，不要因为不完美而恨自己，不要因为自己的一时之错而埋怨自己。看看身边的朋友，他们没有一个是十全十美的。

完美往往只会成为人生的负担，人绷紧了完美的弦，它却可能发不出优美的声音来。那些爱自己、宽容自己的人，才是生活的智者。

一 绝对的光明如同完全的黑暗

人人都热爱光明，但绝对的光明是不存在的。如果真出现了绝对的光明，那也就无所谓光明与黑暗了，人们将如同在绝对的黑暗中一样。因此，万事都有缺陷，没有一个是圆满的。人世间做人做事之难，也在于任何事都很少有真正的圆满。但正是有这种不完满的存在，我们才有了丰富多彩的人生。

我们可以这样说，人生的剧本不可能完美，但是可以完整。当你感到了缺憾，你就体验到了人生五味，你便拥有了完整人生——从缺憾中领略完美的人生。

人生在世，起初谁都希望圆满：读书能上自己理想的学校，念自己喜欢的专业，做自己擅长的工作，娶（嫁）自己中意的人……然而，我们绝大多数人经历的也许是这样的生活：上了一个还不错的学校，学了一个不算讨厌的专业，干了一份糊口的工作，和一位还说得过去的人相伴一生。与原来的设定难免会有巨大的悬殊，无论是王侯将相还是凡夫俗子，所有人的人生都会有遗憾，都不会圆满。完美永远只存在于我们的想象中，它是我们的愿望，却不可实现。

世上难有真正的圆满，不妨换个角度来看一时的缺陷与失落。台湾作家刘墉先生写过这样一则故事：

他有一个朋友，单身半辈子，快50岁了，突然结了婚，新娘跟他的年龄差不多，徐娘半老，风韵犹存。只是知道的朋友都窃窃私语："那女人以前是个演员，嫁了两任丈夫都离了婚，现在不红了，由他捡了个剩货。"话不知道是不是传到了他朋友耳里！

有一天，朋友跟刘墉出去，一边开车，一边笑道："我这个人，年轻的时候就盼着开奔驰车，没钱买不起，现在呀！还是买不起，只好买辆二手车。"他开的确实是辆老车，刘墉左右看着说："二手？看来很好哇！马力也足。"

"是啊！"朋友大笑了起来，"旧车有什么不好？就好像我太太，前面嫁了个四川人，后来又嫁了个上海人，还在演艺圈二十多年，大大小小的场面见多了，现在，老了，收了心，没了以前的娇气、浮华气，却做得一手四川菜、上海菜，又懂得布置家讲句实在话，她真正最完美的时候，反而都被我遇上了。"

"你说得真有理，"刘墉说，"别人不说，我真看不出来，她竟然是当年的那位艳星。""是啊！"他拍着方向盘，"其实想想自己，我又完美吗？我还不是千疮百孔，有过许多往事、许多荒唐？正因为我们都走过了这些，所以两个人都成熟，都知道让，都知道忍，这种'不完美'正是一种'完美'啊！……"

"不完美"正是一种"完美"！我们老了，都锈了，都千疮百孔，总隔一阵子就去看医生，来修补我们残破的身躯，我们又何必要求自己拥有的人、事、物，都完美无瑕、没有缺点呢？

我们每一个人的生命，都被上苍划了一个缺口，虽然你不想要这个缺口，但是这个缺口如影随形地跟着你。人生就像一个残缺不全的圆，没有一个人的生活是圆满的，也许正是因为认识到了每个生命都有欠缺，所以我们的人生才因此而更加美丽。正如美神维纳斯的断臂，她的存在和闻名世界不能不说是一个意外。创作者的最初的意图显然是要塑造一个完美的塑像，哪个雕塑家会去追求一件残缺的艺术品来证明自己？然而，维纳斯的断臂则恰恰证明了残缺的美才是真正的完美。

人生如远行，走哪一条路都意味着放弃另一条路。不同的人生道路留下不同的缺憾，诸葛亮有诸葛亮的缺憾，贾宝玉有贾宝玉的缺憾。犹如夜幕里蕴藏着光明，缺憾之中不仅埋藏着逝去的青春和曾经的梦想，缺憾的背后还隐伏着许多生命的契机。

缺憾人生，使人类有了理想。理想，是一种可望而不可即的东西。或者说，就它的不能实现性而言才是理想。人生有缺憾，我们才有追求完美的理想和热情，也只有接受人生的缺憾性，我们才能真正理解和追求完美人生。

每个人在人生的旅途中，都会经历许多不尽如人意之事。偶然的失落与命运的错失本来是具有悲剧色彩的，但是因为命运之手的指点，结局反而会更加圆满。如果懂得了圆满的相对性，对生命的波折、对情爱的变迁，也就能云淡风轻处之泰然了。

人活一世，每个人都在争取一个完满的人生。然而，自古及今，海内海外，百分之百完满的人生是没有的，其实，不完满才是人生。正如西方谚语所说："你要永远快乐，只有向痛苦里去找。"你要想完美，也只有向缺憾中去寻找。所以得失荣辱我们大可不必放在心上，有了痛苦我们才会珍惜快乐的时光，有了不算完满的人生才称得上完美。

人生原来就是不圆满的，能够认识到这一点，我们便不会去苛求人生，也不会去苛求他人。只有一个懂得接受的人才会更懂得去珍惜。

思想成熟者不会强迫自己做"完人"

莎士比亚说："聪明的人永远不会坐在那里为他们的损失而悲伤，却会很高兴地去找出办法来弥补他们的创伤。"

如果你做了还感到不好，改了还感到不快，考了99分还嫌不是100分，刻意追求完美，这样定会"累"，这种情况必须改善。

请瞧瞧你手中的"红富士"，它们并不处处圆润，却甘甜润喉，再近一点儿看看牡丹，它上面也可能有一两个虫眼却贵气十足，令百花折服。花无完美，果无完美，何况人生！

思想成熟的人不会强迫自己做"完人"，他们允许自己犯错误，并且能采取适度的方式正确地对待自己的错误。

在这个世界上，谁都难免犯错误，即使是四平八稳的大象，也有摔跤的时候。"人要不犯错误，除非他什么事也不做，而这恰好是他最基本的错误"。

反省是一种美德。不反省不会知道自己的缺点和过失，不悔悟就无从改进。

但是，这种因悔悟而责备自己的行为应该适可而止。在你已经知错、决定下次不再犯的时候，就是停止后悔的最好的时候，然后，你就应该摆脱这悔恨的纠缠，使自己有心情去做别的事。如果悔恨的心情一直无法摆脱，而你一直苛责自己，懊恼不止，那就是一种病态，或可能形成一种病态了。

你不能让病态的心情持续。你必须了解它是病态，一旦精神遭受太多折磨，有发生异状的可能，那就严重了。

所以，当你知道悔恨与自责过分的时候，要相信自己能够控制自己，告诉自己"赶快停止对自己的苛责，因为这是一种病态"。为避免病态具体化而加深，要尽量使自己摆脱它的困扰。这种自我控制的力量是否能够发挥，决定一个人的精神是否健全。

人人都可能做错事，做了错事而不知悔改，那是不对的；知道悔改，即为好人。过去的既已无可挽回，那么只有以后坚决行善才可以补偿。每个人都有缺点，这就是为什么我们要受教育。教育使我们有能力认识自己的缺点并加以改正，这就是进步。但在知道随时发现自己的缺点并随时改正之外，更要注意建立自己的自信，尊重自己的自尊。

有人一旦犯了错误，就觉得自己样样不如人，由自责产生自卑，由于自卑而更容易受到打击。经不起小小的过失，受到了外界一点点轻侮或为任何一件小事，都会痛苦不已。

一个人缺少了自信，就容易对周围环境产生怀疑与戒备，所谓"天下本无事，庸人自扰之"。

面对这种"无事自扰"的心境，最好的方法是努力进修、勤于做事，使自己因有进步而增加自信，因工作有成绩而增加对前途的希望，不再向后做无益的回顾。

进德与修业，都能建立一个人的自信心和荣誉感。对自己偶尔的小错误、小疏忽，不要过分苛责。

自尊心人人都有，但没有自信做基础，就会使人变为偏激狂傲或神经过敏，以致对环境产生敌视与不合作的态度。要满足自尊心，只有多充实自己，使自己减少"不如人"的可能性，而增加对自己的信心。

做好人的愿望当然值得鼓励，但不必"好"到一切迁就别人，凡事委屈自己，更不能希望自己好到没有一丝缺点，而且发现缺点就拼命"修理"自己。一个健全的好人应该是该做就做，想说就说，一切要求合情合理之外，如果自己偶有过失，也能潇洒地承认："这次错了，下次改过就是。"不必把一个污点放大为全身的不是。

战胜缺点的过程就是凸显优点的过程

人没有完美的，总会有这样或那样的缺点。缺点是否成为成功路上的障碍，关键是要看成就什么样的事业。想成为万人瞩目的政治领袖吗？那就需要具有富兰克林那样的勇气，检视自己的缺点，并与之进行坚持不懈的斗争，直到胜利为止。

克劳兹是美国某企业总裁，他奋斗了八年让企业的资产由200万美元发展到5000万美元。2005年他去华盛顿领取了该年度国家蓝色企业奖章。这是美国商会为奖励那些战胜逆境的中小企业而颁发的，那年只颁发了6枚奖章。

克劳兹可以算是一个成功的企业家了，可他的心中有一个难言之隐，他将它深深藏在心里已经很多年了。白天克劳兹应接不暇地处理对外事务，好像忙得没有时间去阅读邮件和文件。很多文件由公司的管理人员白天就处理好了，白天遗留下来的文件，到了晚上，由他的妻子莱丝帮助他处理，他的下属对他无法阅读这件事一直一无所知。

克劳兹的痛苦起源于童年。当时他在内华达的一个小矿区里上小学。"老师叫我笨蛋，因为我阅读困难。"他说。他是整个学校里最安静的小孩，他总是默默地坐在教室的最后一排。他天生有阅读障碍，老师又责骂他，这使得他在学校的学习变得更艰难了。1963年，他从高中勉强毕业，当时他的成绩主要是C、D和F（A是最高等级）。

高中毕业后，克劳兹搬到了雷诺市，用200美元的本金开了一家小机械商店。经过不懈的努力，1997年他已经成功开了5个分店，资产超过了200万美元。他的企业已经成为所在行业的佼佼者，公司每年至少有1500万美元的利润。

克劳兹害怕受到那些大多是大学毕业的首席执行官们的嘲笑和轻视。但是，他没想到他得到的是更多的支持和鼓励。"这使我更加佩服他获得的成功，这加深了我对他的敬意。"约斯特说。另外，当克劳兹告诉他的雇员他不会阅读的时候，也赢得了雇员们的尊重。克劳兹说："自从我下决心让每个人都知道这件事以来，我心里轻松了许多。"

从那以后，克劳兹聘请了一名家庭教师为他做阅读辅导。克劳兹最近正在读一本管理方面的书。他在所有他不认识的单词下面画线，然后去查字典。他希望有一天他能像他妻子那样可以迅速地读完办公桌上所有的文件和信函。更重要的是，他希望他的故事能鼓励其他正在学习阅读的人。

"有缺点没有什么可羞愧的,如果明知自己有缺点却不做任何改进,那就变成一种耻辱了。"自己不去正视缺点,它将永远是缺点。克服它、战胜它的过程也是凸显优点的过程。

一 向下比较,会看到别人比你更不幸

有时候我们心情沮丧,总是觉得自己拥有得太少。

有一个国王,常为过去的错误而悔恨,为将来的前途而担忧,整日郁郁寡欢,于是他派大臣四处寻找一个快乐的人,并把这个快乐的人带回王宫。

这位大臣四处寻找了好几年,终于有一天,当他走进一个贫穷的村落时,听到一个快乐的人在放声歌唱。寻着歌声,他找到了正在田间犁地的农夫。

大臣问农夫:"你快乐吗?"农夫回答:"我没有一天不快乐。"

大臣喜出望外地把自己的使命和意图告诉了农夫。农夫不禁大笑起来,他又说道:"我曾因为没有鞋子而沮丧,直到我有一天在街上遇到了一个没有脚的人。"

有人为低工资而懊恼、忧郁,猛然发现邻居大嫂已经下岗失业,于是又暗暗庆幸自己还有一份工作可以做,虽然工资低一些,但起码没有下岗失业,心情转眼就好了起来。每个人总是看重自己的痛苦,而对别人的痛苦忽略不计。当自己痛苦不堪的时候,

要是能够换一个角度来思考，痛苦的程度就会大大减弱。当自己兴高采烈的时候，应多向上比，会越比越进步；当自己苦恼郁闷的时候，应多向下比，会越比越开心。

人生最可怜的事，不是生与死的诀别，而是面对自己所拥有的，却不知道它是多么的珍贵。

我们每每羡慕别人的生活是如何的美好，总觉得自己是最不幸的那一个，而实际上并不是这样的，每个人的生活中总会出现别人所没有的各种各样的困难。其实谁都一样，谁都不是生活中的宠儿，只是每个人对待生活的态度不同而已。坚强的人最终尝到了生活的美味，意志薄弱的人最终被生活所淘汰。

不要总把眼光局限在自身的坏牌上，实际上，别人手中的牌也并非好牌。这样去想，你才能不致太自卑、太绝望，才能保持必胜的决心，坚实地走下去。

一 玫瑰有刺，完美主义者也应接受瑕疵

完美永远是可望而不可即的。当我们不再注意自己是否完美时，或许有一天我们会惊喜地发现往日渴求的完美，今天已经具备。

奥利弗·万德尔·劳尔姆斯认为罗斯福"智力一般，但极具人格魅力"。罗斯福之所以能当上美国总统，带领美国走出经济萧条，在第二次世界大战中成为真正的赢家，与他积极乐观的性格

有着极大的关系。

罗斯福其貌不扬，在智力上也没有过人之处，他小时候是个怯懦的孩子。当他在课堂上被叫起来背诵时，总是一副大难临头的样子，呼吸急促，嘴唇颤抖，声音含糊不清，听到老师让他坐下，简直如获大赦。通常，像他这种先天禀赋较差的孩子大多是敏感多疑、落落寡合的。但罗斯福不甘做一个生活的失败者，他没有因同学的嘲笑而失去勇气，当他在公众面前双唇发抖时，他总是暗中激励自己，咬紧牙关，尽力克服这一毛病。

罗斯福无疑是一个了解自己、敢于面对现实的人，他坦然承认自己的种种缺陷，承认自己不勇敢、不好看，也不比别人聪明，但他并不因此而消沉、自卑，凡是他意识到的缺点他都尽力克服，用行动证明先天的缺陷并不能阻碍他走向成功。他深知作为一个总统，在公众心目中的形象有多么重要，他学会了在说话时改变口型来修饰自己的龅牙。

罗斯福用他的勇敢与才华征服了世界，从此历史上多了一位自信而从容的伟人，少了一个自卑、颓丧的少年。

生活里许多人有缺陷，来自身体或外貌，但只要你把"缺陷、不足"这块堵在心口上的石头放下来，充分发挥自己的长处，照样可以赢得精彩人生。正如清朝诗人顾嗣协说："骏马能历险，犁田不如牛；坚车能载重，渡河不如舟。舍长以取短，智者难为谋；生财贵适用，慎勿多苛求。"

不要总把自己与别人比较，更不要拿自己的弱势和别人的强势比较，这样会越看自己越不值钱。不完美并不可怕，可怕的是那些失落感、无助感、挫败感，甚至一时丧失对生活的信心。

一 过度挑剔不如充实自己

他是一位咖啡爱好者，立志将来要开一家咖啡馆。闲暇时间，他到处喝咖啡。除了品尝不同的咖啡之外，也看看咖啡馆的装潢。

有一次，他约一位朋友喝咖啡。带着朝圣的心情，朋友跟他去了一趟咖啡馆。很不巧，他对那家咖啡馆似乎没有什么好感。朋友问他："怎么样，这家店的咖啡口味还不错吧？"他淡淡地说："没什么！"朋友继续问："店面的装潢呢？"他还是回答："没什么！"以后的日子里，朋友陆续跟他到过不同的咖啡馆，品尝不同口味的咖啡，"没什么！"仿佛是他的口头禅，对所有去过的咖啡馆，他的评价都是"没什么"，而且带着有点儿不屑的语气。朋友心想：大概是他的品位太高了，这些咖啡馆提供的饮料及气氛果真都不如他的心意。

另外，有一位对西点蛋糕有兴趣的女孩。从前，她也常说："没什么！"她不但爱吃西点蛋糕，还利用空闲时间拜师学艺，到专业的老师那儿上课，学做西点蛋糕。刚开始学习的那段日子，她还是不改本性，不论到哪里，吃到什么西点蛋糕，都会给对方"五星级"的评价："没什么！"标准之严苛，让大家觉得她挑剔得过火。过了半年,当她从"西点蛋糕初学班"结业之后,态度有了180度大转变,无论在哪里,品尝过谁做的西点蛋糕,她都很认真地研究里面的配方,用什么材料、多少比例、烘焙的步骤。如果做西点蛋糕的师傅在场,她还会很好奇地向对方讨教、研究成功的关键技巧。朋友笑着对她说:"你变了。从前是说:'没什么!'现在是问:'有什么?'""没错,没错,其实每一件事情一定都'有什么',差别只在于你有没有观察到它'有什么'而已。"

挑剔是人们的普遍心理,人们总感到这也不好、那也不如意,却又没有比别人更好的办法来改进。如果放下对别人严苛的审视目光,改为通过各种途径来充实自己,做一个从"没什么"到"有什么"的转变,你会从别人身上发现更多值得称道的东西。

沙子与珍珠的最大区别就是沙子落下便无法再被拾起,而珍珠无论在哪里都是明亮耀眼的。沙子与珍珠,要做哪一个,全在于你自己。

有一个自以为是的年轻人毕业以后一直找不到理想的工作,他觉得自己怀才不遇,对社会感到非常失望。痛苦绝望之下,他来到大海边,打算就此结束自己的生命。这时,正好有一个老人从这里走过。老人问他为什么要走绝路,他说自己不能得到社会的承认,没有人欣赏并且重用他。老人从脚下的沙滩上捡起一粒沙子,让年轻人看了看,然后就随便地扔在地上,对年轻人说:"请你把我刚才扔在地上的那粒沙子捡起来。""这根本不可能!"年轻人说。老人没有说话,接着又从自己的口袋里掏出一颗晶莹剔透的珍珠，也是随便扔在了地上，然后对年轻人说："你能不能把这个珍珠捡起来呢？""当然可以！"听到年轻人的回答，老人点点头，转身走了。因为他相信这个年轻人虽然拾不起那粒沙子，但会收起自杀的念头。

在困难面前，人们很少检讨自己的行为，而是总在抱怨"千里马常有，而伯乐不常有"，总认为自己是有才而无用武之地，却很少问一问自己，自己是一颗沙子还是一颗珍珠。沙子总会被淹没，而珍珠无论在哪里都会光彩耀人。有的时候，你必须知道你自己是一颗普通的沙粒，而不是价值连城的珍珠，若要使自己卓越出众，那你就要努力使自己成为一颗珍珠。

别为打翻的牛奶哭泣

人生一世，草林一秋。谁都想让此生了无遗憾，谁都想让自己所做的每一件事都永远正确，从而达到自己预期的目的。可这只能是一种美好的幻想。人不可能不做错事，不可能不走弯路。做了错事走了弯路之后，有后悔情绪是很正常的，这是一种自我反省，正因为有了这种"积极的后悔"，我们才会在以后的人生之路上走得更好、更稳。

但是，如果你纠缠住后悔不放，或羞愧万分，一蹶不振；或自惭形秽，自暴自弃，那么你的这种做法就是庸人自扰了。昨日的阳光再美,也移不到今日的画册。我们为什么不好好把握现在,珍惜此时此刻的拥有呢?

1871年春天,一个年轻人拿起了一本书,看到了一句对他前途有莫大影响的话。他是蒙特瑞综合医科的一名学生,平日对生活充满了忧虑,担心通不过期末考试,担心该做些什么事情,怎样才能开业,怎样才能生活。

这位年轻的医科学生所看见的那一句话,使他成为当代最有名的医学家,他创建了世界知名的约翰·霍普金斯学院,成为牛津大学医学院的教授——这是学医的人所能得到的最高荣誉。他还被英国女王册封为爵士,他的名字叫作威廉·奥斯勒。

下面就是他所看到的——托马斯·卡莱里所写的一句话,帮他度过了无忧无虑的一生:"最重要的就是不要去看远方模糊的事,而要做手边清楚的事。"

四十年后,威廉·奥斯勒爵士在耶鲁大学发表了演讲,他对学生们说,人们传言说他拥有"特殊的头脑",但其实不然,他周围的一些好朋友都知道,他的脑筋其实是"最普通不过了"。

那么他成功的秘诀是什么呢?他认为这无非是因为他活在所谓"一个完全独立的今天里"。在他到耶鲁演讲的前一个月,他曾乘坐一艘很大的海轮横渡大西洋,一天,他看见船长站在船舱里,揿下一个按钮,发出一阵机械运转的声音,船的几个部分就立刻彼此隔绝开来——隔成几个完全防水的隔舱。

"你们每一个人,"奥斯勒爵士说,"都要比那条大海轮精美得多,所要走的航程也要远得多,我要奉劝各位的是,你们也要学船长的样子控制一切,活在一个完全独立的今天,这才是航程中确保安全的最好方法。你有的是今天,断开过去,把已经过去的埋葬掉。断开那些会把傻子引上死亡之路的昨天,把明日紧紧地关在门外。未来就在今天,没有明天这个东西。精力的浪费、精神的苦闷,都会紧紧跟着一个为未来担忧的人。养成一个好习惯,那就是生活在一个完全独立的今天里。"

奥斯勒爵士接着说道:"为明日准备最好的办法,就是要集中你所有的智慧、所有的热忱,把今天的工作做得尽善尽美,这就是你能应付未来的唯一方法。"奥斯勒爵士的话值得我们每个人珍视。其实,人生的一切成就都是由你"今天"的成就累积起来的,老想着昨天和明天,你的"今天"就永远没有成果。珍惜今天吧,只有珍惜今天,你才能有好的未来!

昨天是一张作废的支票,明天是一张期票,而今天是你唯一拥有的现金,只有好好把握今天,明天才会更美好,更光明。过去的已经过去,不要为打翻的牛奶而哭泣!

生活不可能重复过去的岁月,光阴如箭,来不及后悔。从过去的错误中吸取教训,在以后的生活中不要重蹈覆辙,要知道"往者不可谏,来者犹可追"。"明日复明日,明日何其多",把握人生就要从当下开始,而不是总想着今后怎么样。把奋发寄托在明天是懦夫的表现,是消极思想的典型体现。我们要想积极生活,就应该把握现在,把握今天。

7

··· 第七章

野马结局：毁掉你的不是事情，而是心情

——无法挽回的事情，不值得生气

一 野马结局：不生气是一种修行

野马结局，是生活中的一种法则，也是人的情绪反应之一，具体指因不顺心的事情而大动肝火，一时情绪激动，甚至暴跳如雷，以致因别人的过失而伤害自己身心健康的现象。要知道，动辄就大发雷霆的人很难健康、长寿。

有这样一则故事：

一天早晨，有一位智者看到死神向一座城市走去，于是上前问道："你要去做什么？"

死神回答说："我要到前方那个城市里去带走100个人。"

那个智者说："这太可怕了！"

死神说："但这就是我的工作，我必须这么做。"

这个智者告别死神，并抢在它前面跑到那座城市里，提醒所遇到的每一个人：请大家小心，死神即将来带走100个人。

第二天早上，他在城外又遇到到了死神，带着不满的口气问道："昨天你告诉我你要从这儿带走100个人，可是为什么有1000个人死了？"

死神看了看智者，平静地回答说："我从来不超量工作，而且确实准备按昨天告诉你的那样做了，只带走100个人。可是恐惧和焦虑带走了其他那些人。"

实际上,在生活中,这样的事情经常会发生,只不过我们没有在意。不良的情绪可以起到和死神一样的作用,这就是野马结局的心理效应。

野马结局来源一匹野马和吸血蝙蝠的故事:

有一种吸血蝙蝠,喜欢叮咬在野马的腿上吸血。它们主要依靠吸食动物的血生存。为了赶走这个小家伙,野马拼命地奔跑、撞击,可是吸血蝙蝠就是无动于衷。那些小蝙蝠一定要等到吸得饱饱的才离开,而野马因为忍受不住折磨,暴怒而亡!动物学家发现蝙蝠吸的血量其实不多,完全不足以使野马死亡。原来,造成野马死亡的最直接原因是它对吸血蝙蝠的叮咬产生了剧烈的情绪反应,也就是说,野马是被暴怒情绪活活折磨致死的。

野马以可悲的结局告诫我们,负面情绪的力量极其可怕,如果不加以克制,则产生严重的危害和影响。

一个人大发脾气或生闷气时会对人体生理上产生一系列变化和反应,致使人体器官损伤,甚至危及生命。比如:当你得知别人因为忌妒而诬陷你偷盗的时候,你的大脑神经就会立刻刺激身体产生大量起兴奋作用的"正肾上腺素",其结果是使你怒气冲冲,坐卧不安,随时准备找人评评理,或者"讨个说法"。

此外,生气还能伤脑失神,人在发怒时心理状态失常,使情绪高度紧张,神志恍惚。在这样恶劣的心理状态和强烈的不良情绪之下,大脑中的"脑岛皮层"受到刺激,长久后就会改变大脑对心脏的控制，影响心肌功能，引发突发的心室纤维颤动，心律失常，甚至心搏停止而死亡。可见生气发怒可致使呼吸系统、循环系统、消化系统、内分泌系统和神经系统失调，并带来极大的损伤。

一 人生不是为了生气

当你正惬意地与友人散步街头，呼吸着雨后清新的空气，忽然一辆疾驰而来的车溅得你一身泥水时，你是不是会愤怒得瞪眼甚至破口大骂呢？生活中很多人可能会。其实，这也是一种正常反应，即这种情况下产生愤怒的心理并使脾气变得异常暴躁，是一种正常的心理现象，特殊情况下动怒和激怒是一种痛苦和压抑的释放。

然而，如果你是一个稍有不顺心、不如意就大动肝火的人，那么应该给自己敲警钟了。火气大，爱发脾气，实际上是一种敌意和愤怒的心态，当人们的主观愿望与客观现实相悖时就会产生这种消极的情绪反应。一个人有爱发脾气的毛病，确是令人苦恼和遗憾的。

早晨8点是上班的高峰期，李明开车去上班，由于车流量很大，眼看就要迟到了。车龙好不容易向前移动了一点，可前面的司机偏偏像睡着了一样，丝毫不动弹。李明开始冒火了，拼命地按喇叭，可前面的司机依然不为所动。李明气极了，他握住方向盘的手开始发白，仿佛紧紧地卡住前面司机的脖子，额头开始冒汗，心跳加快，满脸怒容。真想冲上去把那个司机从车里扔出去！

他简直无法控制自己了,车还是停滞不前,他终于冲上前去,猛敲车门,结果前面的司机也不甘示弱,打开车门,冲了出来。就这样,一场恶斗在大街上开始了,结果李明打碎了那个人的鼻梁骨,犯了故意伤害罪。等待他的将是法律的严惩。这下不仅没赶上上班的时间,反而连工作也彻底丢了,这一切都是他的脾气暴躁带来的。

脾气暴躁,经常发火,不仅会强化诱发心脏病的致病因素,而且会增加患其他病的可能性,它是一种典型的慢性自杀。因此为了确保自己的身心健康,必须学会控制自己,克服爱发脾气的坏毛病。

我们还可能看到过这样的画面,大街上聚着一群人,原来是两个人在吵架,旁人在围观。两位主角口沫横飞,甚至有撸起袖子要一决高下的架势。细问之下,才知道起因是谁不小心踩了谁的脚。我们在为这样的小事也能形成这么有"规模"的场面而唏嘘不已时,也为他们感到羞愧。如果踩了别人脚的人及时说声"对不起",如果被踩的人能在听到道歉后宽容地说一句"没关系",不就不会有这样伤身伤气又耗费时间的局面了吗?

如此大闹一场,于人于己都没有半点好处。在我们的生活中,如果人人能够和颜悦色一些、宽容大度一些,还有那么多的"口水战"吗?让人与人之间更友好一些,让生活更平和美丽一些,何乐而不为呢?

有一位禅师非常喜爱兰花,在平日弘法讲经之余,花费了许多的时间栽种兰花。有一天,他要外出云游一段时间,临行前交代弟子要好好照顾寺里的兰花。在这期间,弟子们总是细心照顾兰花，但有一天在浇水时不小心将兰花架碰倒了，所有的兰花盆都跌碎了，兰花撒了满地。弟子们都因此非常恐慌，打算等师父回来后，向师父赔罪领罚。禅师回来了，闻知此事，便召集弟子们，不但没有责怪，反而说道："我种兰花，一是希望用来供佛，二是为了美化寺庙环境，不是为了生气而种兰花的。"

禅师说得好："不是为了生气而种兰花的。"兰花的得失，并不影响他心中的喜怒。

在日常生活中，我们牵挂得太多，我们太在意得失，所以我们的情绪起伏，我们不快乐。在生气之际，我们如能多想想："我不是为了生气而工作的。""我不是为了生气而交朋友的。""我不是为了生气而做夫妻的。""我不是为了生气而生儿育女的。"那么我们的心情会宁静安详许多。

所以，当你要和别人起冲突时，要记住，彼此的相遇，不是用来生气的。

发脾气无助于我们希望的和平

如果我们的心中存在不满，就总想找地方发泄出去，而最为直接的发泄方式就是发脾气。很多人认为，发脾气是最好的发泄方式，因为如果事情一直憋在心里，很容易憋出病来。可是宣泄出去了，心里就得到了放松，情绪上也会趋向平稳了。可是这样的说法是错误的。因为我们每个人都是相互影响的，一个人的怒火在发脾气中得到了释放，那么必定有其他人受了这种不良情绪的影响，身心都受到委屈。如果每个人都选择用发脾气的方式来宣泄自己，那么这个世界恐怕再无和平和安宁了。

心理学上有一个"踢猫效应"的故事：

一家公司的老板因急于赶时间去公司，结果闯了两个红灯，被警察扣了驾驶执照。他感到十分沮丧和愤怒，他抱怨说："今天活该倒霉！"

到了办公室，他把秘书叫进来问道："我给你的那五封信打好了没有？"她回答说："没有。我……"

老板立刻火冒三丈，指责秘书说："不要找任何借口！我要你赶快打好这些信。如果你办不到，我就交给别人，虽然你在这里干了三年，但并不表示你将终生受雇！"

秘书用力关上老板的门出来，抱怨说："真是糟透了！三年来，我一直尽力做好这份工作，经常加班加点，现在就因为我无法同时做好两件事，就恐吓要辞退我。岂有此理！"

秘书回家后仍然在发怒。她进了屋，看到8岁的孩子正躺着看电视，短裤上破了一个大洞。在极其愤怒之下，她嚷道："我告诉你多少次了，放学回家不要去瞎疯，你就是不听。现在你给我回房间去，晚饭也别吃了。以后三个星期内不准你看电视！"

8岁的儿子一边走出客厅一边说："真是莫名其妙！妈妈也不给我机会解释到底发生了什么事，就冲我发火。"就在这时，他的猫走到面前。小孩狠狠地踢了猫一脚，骂道："给我滚出去！你这只该死的臭猫！"

从这个故事中我们看出：本来是一个人的愤怒，可是经过了多次的传递，最后竟然将怒气转嫁到了猫的身上。这只猫没有办法像人类一样发泄自己的不满，否则这样的情绪传递估计就没有尽头了。所以，在面对自己的不良情绪时，要尽可能地想办法控制，而不是直接发泄出去。

当然，这里说的"控制"，不是说让你有什么事情都不说，有什么委屈都不去反抗，而是将大事化小、小事化无。试想，我们每天都会面对很多人，经历很多事情，如果别人不小心踩了自己一下，或者等公车的时候被撞到了头，就觉得受到了莫大的委屈，之后就要发脾气，那不是太不值得了吗？

既然我们每个人都能影响别人和受别人影响，那么我们何不放下心中的怒火，给别人一片安宁呢？这样，我们从别人那里得到的也将是一种安宁。

■ 暴躁是发生不幸的导火索

一个人性格暴躁的最直接表现就是非常容易愤怒，因此，愤怒是一种很常见的情绪，特别是年轻人。比如，血气方刚的小伙子，他们往往三两句话不对，或为了一点儿芝麻绿豆大的事情就大打出手，造成十分严重的后果。

其实，愤怒是一种很正常的情绪。它本身不是什么问题，但如何表达愤怒则是个问题。有效地表达愤怒会提高我们的自尊感，使我们在自己的生存受到威胁的时候能勇敢地战斗。

如何有效地抑制生气和不友好的情绪呢？这主要在于自己的修养和来自亲人及朋友的帮助与劝慰。实验证明，在行为方式有改善的人中，死亡率和心脏病复发率会大大下降。为了控制或减少发火的次数和强度，必须对自己进行意识控制。当愤愤不已的情绪即将爆发时，要用意识控制自己，提醒自己应当保持理性，还可进行自我暗示："别发火，发火会伤身体。"有涵养的人一般能控制住自己。同时，及时了解自己的情绪，还可向他人求得帮助，使自己遇事能够有效地克制愤怒。只要有决心和信心，再加上他人对你的支持、配合与监督，你的目标一定会达到。

一般来说，性格暴躁的人都有如下的一些表现：

1. 情绪不稳定。他们往往容易激动。别人的一点儿友好的表示，他们就会将其视为知己；而话不投机，就会怒不可遏。

2. 多疑，不信任他人。暴躁的人往往很敏感，将别人无意识的动作或轻微的失误，都看成对他们极大的冒犯。

3. 自尊心脆弱，怕被否定，以愤怒作为保护自己的方式。有的人希望和别人交朋友，而别人让他失望了，他就给人家强烈的羞辱，以挽回自己的自尊心。这同时也就永远失去了和这个人亲近的机会。

4. 没有安全感，怕失去。

5. 从小受娇惯，一贯任性，不受约束，随心所欲。

6. 以愤怒作为表达情感的方式。

有的人从小父母的教育模式就是打骂，所以他也学会了将拳头作为表达情绪的唯一方式。甚至有时候，愤怒是表达爱的一种方式。

7. 将别处受到的挫折和不满情绪发泄在无辜的人身上。

应当说，脾气是一个人文化素养的体现。但凡有文化、有知识、有修养者，往往待人彬彬有礼，遇事深思熟虑，冷静处置，依法依规行事，是不会轻易动肝火的。而大发脾气者，大多是缺乏文化底蕴的人，他们似干柴般的思想修养，遇火便着，任凭自己的脾气脱缰奔驰，直至撞墙碰壁，头破血流，惹出事端。

所以，情绪容易暴躁的人，提高自己的素质修养刻不容缓。

下面的八条措施将帮助你完成改变暴躁性格这一心理、生理转变过程，臻于性格的完善。

1. 承认自己存在的问题。请告诉你的配偶和亲朋好友，你承认自己以往爱发脾气，决心今后加以改进，希望他们对你支持、配合和督促，这样有利于你逐步达到目的。

2. 保持清醒。当愤愤不已的情绪在你脑海中翻腾时，要立刻提醒自己保持理性，你才能避免愤怒情绪的爆发，恢复清醒和理性。

3. 推己及人。把自己摆到别人的位置上，你也许就容易理解对方的观点与举动了。在大多数场合，一旦将心比心，你的满腔怒气就会烟消云散，至少觉得没有理由迁怒于人。

4. 诙谐自嘲。在那种很可能一触即发的危险关头，你还可以用自嘲解脱。"我怎么啦？像个3岁小孩，这么小肚鸡肠！"幽默是改掉发脾气的毛病的最好手段。

5. 训练信任。开始时不妨寻找信赖他人的机会。事实会证明，你不必设法控制任何东西，也会生活得很顺当。这种认识不就是一种意外收获吗？

6. 反应得体。受到不公平对待时，任何正常的人都会怒火中烧。但是无论发生了什么事，都不可放肆地大骂出口。而该心平气和、不抱成见地让对方明白，他的言行错在哪儿，为何错了。这种办法给对方提供了一个机会，在不受伤害的情况下改弦更张。

7. 贵在宽容。学会宽容，放弃怨恨和报复，你随后就会发现，愤怒的包袱从双肩卸下来，显然会帮助你放弃错误的冲动。

8. 立即开始。爱发脾气的人常常说："我过去经常发火，自从得了心脏病，我认识到以前那些激怒我的理由，根本不值得大动肝火。"请不要等到患上心脏病才想到要克服爱发脾气的毛病吧，从今天开始修身养性不是更好吗？

一位哲人说："谁自诩为脾气暴躁，谁便承认了自己是一名言行粗野、不计后果者，亦是一名没有学识、缺乏修养之人。"细细品味，煞是有理。愿我们都能远离暴躁脾气，做一个有知识、有文化、有修养的人。

因此，能够自我控制是人与动物的最大区别之一。脾气虽与生俱来，但可以调控。多学习，用知识武装头脑，是调节脾气的最佳途径。知识丰富了，修养提高了，法纪观念增强了，脾气这匹烈马就会被紧紧牵住，无法脱缰招惹是非，甚至刚刚露头，即被"后果不良"的意识所制约，最终把上窜的脾气压下，把不良后果消灭在萌芽状态。

用沉默来回应无理

面对他人无理的对待，你不必硬碰硬，试着以巧妙圆融的智慧来处理，事情一样会有回转的余地，其实最大的智慧便是以沉默来回应。正如哲人所说，忍耐与智慧是抵御嘲辱的最佳盾牌，当你面对小人无理的羞辱和嘲弄，当场的硬碰硬也许只会得到更大的欺辱，尤其当你处于弱势的境地。此时何不忍耐一下，事后冷静思索，找到对方的致命弱点，攻其不备，这才是明智的处世哲学。

当然，这需要你当时的忍耐，不能忍一时之气的人，是无法领会这种智慧的高深。对于大多数人来说，逞一时口快，泄一时之愤，是最大快人心的事。但是有涵养的人是不会这么做的，今天也让自己做一回有涵养之人吧。

很简单，无论对方发出什么招，多难听的话，多过分的举动，都不要理会他，仿佛与己无关，专心做自己的事，不要因为对方的言行停下你手中的活，让对方以为，你根本对他不屑一顾，你根本不拿他的无理当挑衅。也就是说，你根本不拿他当对手，其实这才是对一个争强好胜的人的最大反击。

吵架有时候是种发泄，但是，如果碰到无理取闹的人，你说再多也是白费口舌，对自己的精神绝对是种折磨，还不如睁一只眼闭一只眼，不予理睬。这个人说话很不讲道理，让人恼火，你可能真的快沉不住气了，很想冲上前打骂一顿。但是这种无理取闹的人，他的目的就是想闹，惹恼你他才高兴，看着你气急败坏的样子他肯定在心里偷乐。其实，对付这种人最好的办法就是不理他，任其吵闹，你还是继续做自己手中的事，保持你脸上的微笑，这个微笑是留给自己的。慢慢地，对方会觉得很无趣，或者会为你的豁达所折服。

当然，这样做也许很难，因为人都有血性，谁也做不了圣人。当别人真的很过分的时候，保持一颗平静的心就显得是多么的难能可贵。但是你要相信自己一定能做到，并在心里默默地鼓励自己，甚至还可以对吵闹的人说，你要不要坐下来慢慢说？或者干脆逃开，说我有事要先出去，你自己慢慢说吧！所谓眼不见，心不烦，走开了还落得个耳根清净。对方可能大叫大嚷，故意拿话来激你，这个时候你尤其要沉住气，要知道一时的口舌之快只会带来更多的烦躁和气恼。除非你也不讲道理，跟对方展开大战，不顾形象地破口大骂，即使最后你在气势上压倒了对方，你也累得筋疲力尽，这样值不值呢？因此，碰到无理的人，最好的办法就是不要当场就出招，除非你有绝妙的反击策略，而且已经胸有成竹。但是，对于大多数人来说，愤怒和激动会让你失去理智，思维迟钝，这个时候往往是想不出什么好点子的。所以，不如用沉默换来冷静的时间，让头脑清醒一下，想想你的绝招吧。

第八章

但丁论断：走自己的路，让别人去说吧
——没必要的争论，不值得辩论

一 但丁论断：走自己的路，让别人去说吧

哲人们常把人生比作路，是路，就注定有崎岖不平。

1929 年，美国芝加哥发生了一件震动全国教育界的大事。

几年前，一个年轻人半工半读地从耶鲁大学毕业。曾做过作家、伐木工人、家庭教师和卖成衣的售货员。现在，只经过了八年，他就被任命为全美国第四大名校——芝加哥大学的校长，他就是罗勃·郝金斯。他只有 30 岁，真叫人难以置信。

人们对他的批评就像山崩落石一样一齐打在这位"神童"的头上，说他这样，说他那样——太年轻了，经验不够——说他的教育观念很不成熟，各大报纸也参加了攻击。

在罗勃·郝金斯就任的那一天，有一个朋友对他的父亲说："今天早上，我看见报上的社论攻击你的儿子，真把我吓坏了。"

"不错，"郝金斯的父亲回答说，"话说得很凶。可是请记住，从来没有人会踢一只死狗。"

确实如此，越勇猛的狗，人们踢起来就越有成就感。

可见，没有谁的路永远是一马平川的。为他人所左右而失去自己方向的人，他将无法抵达属于自己的幸福所在。

真正成功的人生，不在于成就的大小，而在于是否努力地去

实现自我,喊出属于自己的声音,走出属于自己的道路。

一名中文系的学生苦心撰写了一篇小说,请作家批评。因为作家正患眼疾,学生便将作品读给作家。读到最后一个字,学生停顿下来。作家问道:"结束了吗?"听语气似乎意犹未尽,渴望下文。这一追问,煽起学生的激情,立刻灵感喷发,马上接续道:"没有啊,下部分更精彩。"他以自己都难以置信的构思叙述下去。

到达一个段落,作家又似乎难以割舍地问:"结束了吗?"

小说一定摄魂勾魄,叫人欲罢不能!学生更兴奋,更激昂,更富于创作激情。他不可遏止地一而再再而三地接续、接续……最后,电话铃声骤然响起,打断了学生的思绪。

电话找作家,急事。作家匆匆准备出门。"那么,没读完的小说呢?""其实你的小说早该收笔,在我第一次询问你是否结束的时候,就应该结束。何必画蛇添足、狗尾续貂?该停则止,看来,你还没把握情节脉络,尤其是缺少决断。决断是当作家的根本,否则绵延逶迤,拖泥带水,如何打动读者?"

学生追悔莫及,自认性格过于受外界左右,作品难以把握,恐不是当作家的料。

很久以后,这名年轻人遇到另一位作家,羞愧地谈及往事,谁知作家惊呼:"你的反应如此迅捷、思维如此敏锐、编造故事的能力如此强盛,这些正是成为作家的天赋呀!假如正确运用,作品一定脱颖而出。"

"横看成岭侧成峰,远近高低各不同。"凡事绝难有统一定论,谁的"意见"都可以参考，但永不可代替自己的"主见"，不要被他人的论断束缚了自己前进的步伐。追随你的热情、你的心灵，它将带你实现梦想。

遇事没有主见的人，就像墙头草，东风向西倒，西风向东倒，没有自己的原则和立场，不知道自己能干什么、会干什么，自然与成功无缘。

意大利诗人但丁在《神曲》中说道："走自己的路，让别人去说吧。"

不必为他人的眼光而活

在这个世界上，没有任何一个人可以让所有人都满意。跟着他人的眼光来去的人，会逐渐暗淡自己的光彩。

西莉亚自幼学习艺术体操，她身段匀称灵活。可是很不幸，一次意外事故导致她下肢严重受伤，一条腿留下后遗症，走路有一点跛。为此，她十分沮丧，甚至不敢走上街去。作为一种逃避，西莉亚搬到了约克郡乡下。

一天，小镇上的雷诺兹老师领着一个女孩来向西莉亚学跳苏格兰舞。在他们诚恳的请求下，西莉亚勉为其难地答应了。为了不让他们察觉自己残疾的腿，西莉亚特意提早坐在一把藤椅上。可那个女孩偏偏天生笨拙，连起码的乐感和节奏感都没有。当那个女孩再一次跳错时,西莉亚不由自主地站起来给对方示范。西莉亚一转身,便敏感地看见那个女孩正盯着自己的腿,一副惊讶的神情。她忽然意识到,自己一直刻意掩盖的残疾在刚才的瞬间已暴露无遗。这时,一种自卑让她无端地恼怒起来,对那个女孩说了一些难听的话。西莉亚的行为伤害了女孩的自尊心,女孩难过地跑开了。

事后,西莉亚深感歉疚。过了两天,西莉亚来到学校,和雷诺兹老师一起等候那个女孩。西莉亚对那个女孩说:"如果把你训练成一名专业舞者恐怕不容易,但我保证,你一定会成为一个不错的领舞者。"这一次,他们就在学校操场上跳,有不少学生好奇地围观。那个女孩笨手笨脚的舞姿不时招来同学的嘲笑,她满脸通红,不断犯错,每跳一步,都如芒刺在背。西莉亚看在眼里,深深理解那种无奈的自卑感。她走过去,轻声对那个女孩说:"假如一个舞者只盯着自己的脚,就无法享受跳舞的快乐,别人也会跟着注意你的脚,发现你的错误。现在你抬起头,面带微笑地跳完这支舞曲,别管步伐是不是错。"

说完,西莉亚和那个女孩面对面站好,朝雷诺兹老师示意了一下。悠扬的手风琴音乐响起,她们踏着拍子,欢快起舞。其实那个女孩的步伐还有些错误,而且动作不是很和谐。但意外的效果出现了——那些旁观的学生被她们脸上的微笑所感染,而不再关注舞蹈细节上的错误。后来,有越来越多的学生情不自禁地加入舞蹈中。大家尽情地跳啊跳啊,直到太阳下山。

生活在别人的眼光里，就会找不到自己的路。其实，每个人的眼光都有不同。面对不同的几何图形，有人看出了圆的光滑无棱，有人看出了三角形的直线组成，有人看出了半圆的方圆兼济，有人看出了不对称图形特有的美……同是一个甜麦圈，悲观者看见一个空洞，乐观者却品尝到它的味道。同是交战赤壁，苏轼高歌"雄姿英发，羽扇纶巾，谈笑间樯橹灰飞烟灭"；杜牧却低吟"东风不与周郎便，铜雀春深锁二乔"。同是"谁解其中味"的《红楼梦》，有人听到了封建制度的丧钟，有人看见了宝黛的深情，有人悟到了曹雪芹的用心良苦，也有人只津津乐道于故事本身……

人生是一个多棱镜，总是以它变幻莫测的每一面反照生活中的每一个人。不必介意别人的流言蜚语，不必担心自我思维的偏差，坚信自己的眼睛、坚信自己的判断、执着自我的感悟，用敏锐的视线去审视这个世界，用心去聆听、抚摸这个多彩的人生，给自己一个富有个性的回答。

━ 自己的人生无须浪费在别人的标准中

童话里的红舞鞋，漂亮、妖艳而充满诱惑，一旦穿上，便再也脱不下来。我们疯狂地转动舞步，一刻也停不下来，尽管内心充满疲惫和厌倦，脸上还得挂出幸福的微笑。当我们在众人的喝彩声中终于以一个优美的姿势为人生画上句号时，才发觉这一路的风光和掌声，带来的竟然只是说不出的空虚和疲惫。

人生来时双手空空，却要让其双拳紧握；而等到人死去时，却要让其双手摊开，偏不让其带走财富和名声……明白了这个道理，人就会看淡许多东西。幸福的生活完全取决于自己内心的简约，而不在于你拥有多少外在的财富。

18世纪法国有个哲学家叫戴维斯。有一天，朋友送他一件质地精良、做工考究、图案高雅的酒红色睡袍，戴维斯非常喜欢。可他穿着华贵的睡袍在家里踱来踱去，越踱越觉得家具不是破旧不堪，就是风格不对，地毯的针脚也粗得吓人。慢慢地，旧物件挨个儿更新，书房终于跟上了睡袍的档次。戴维斯穿着睡袍坐在帝王气十足的书房里，可他觉得很不舒服，因为"自己居然被一件睡袍胁迫了"。

戴维斯被一件睡袍胁迫了，生活中的大多数人则是被过多的物质和外在的成功胁迫着。很多情况下，我们受内心深处支配欲和征服欲的驱使，自尊和虚荣不断膨胀，着了魔一般去同别人攀比，谁买了一双名牌皮鞋，谁添置了一套高档音响，谁交了一位漂亮女友，这些都会触动我们敏感的神经。一番折腾下来，尽管钱赚了不少，也终于博得"别人"羡慕的眼光，但除了在公众场合拥有一两点流光溢彩的光鲜和热闹以外，我们过得其实并没有别人想象得那么好。

男人爱车，女人爱别人说自己的好。一定意义上来说，人都是爱好虚荣的，不管自己究竟幸福不幸福，常常为了让别人觉得很幸福就很满足，人往往忽视了自己内心真正想要的是什么，而是常常被外在的事情所左右，别人的生活实际上与你无关，不论别人幸福与否都与你无关，而你将自己的幸福建立在与别人比较的基础之上，或者建立在了别人的眼光中。幸福不是别人说出来的，而是自己感受的，人活着不是为别人，更多的是为自己而活。

《左邻右舍》中提到这样一个故事：

说是男主人公的老婆看到邻居小马家卖了旧房子在闹市区买了新房，他的老婆就眼红了，非要也在闹市选房子，并且偏偏要和小马住同一栋楼，而且要一定选比小马家房子大的那套，当邻居问起的时候，她会很自豪地说："不大，一百多平方米，只比304室小马家大那么一点儿！"气得小马老婆灰头土脸的。过了几天，小马的老婆开始逼小马和她一起减肥，说是减肥之后，他们家的房子实际面积一定不会比男主人公家的小，男主人公又开始担心自己的老婆知道后会不会让他们一起减肥！

这个故事看起来虽然很好笑，但是时常在我们的生活中发生，人将自己生活沉浸在一个不断与人比较的困境中，被自己生活之外的东西所左右，岂不是很可悲？

一个人活在别人的标准和眼光之中是一种痛苦，更是一种悲哀。人生本就短暂，真正属于自己的快乐更是不多，为什么不能为了自己而完完全全、真真实实地活一次？为什么不能让自己脱离总是建立在别人基础上的参照系？如果我们把追求外在的成功或者"过得比别人好"作为人生的终极目标的时候，就会陷入物质欲望为我们设下的圈套而不能自拔。

一 你不可能让每个人都满意

　　世界一样，但人的眼光各有不同，做人，不必去花大量的心思去让每个人都满意，因为这个要求基本上是不可能达到的，如果一味地追求别人的满意，不仅自己累心，还会在生活和工作失去自己！

　　生活中我们常常因为别人的不满意而烦恼不已，我们费尽了心思去让更多的人对自己满意。我们小心翼翼地生活，唯恐别人不满意，但即便是这样还会有人不满意，所以我们为此又开始伤神。很多时候，我们忙活工作或者生活其实花不了太多的时间，而只是我们将大量的时间都花在了处理如何达到别人满意的这些事情上，所以身体累，心也累。

　　有这样一个笑话：

　　一个农夫和他的儿子，赶着一头驴到邻村的市场去卖。没走多远就看见一群姑娘在路边谈笑。一个姑娘大声说："嘿，快瞧，你们见过这种傻瓜吗？有驴子不骑，宁愿自己走路。"农夫听到这话，立刻让儿子骑上驴，自己高兴地在后面跟着走。

　　不久，他们遇见一群老人正在激烈地争执："喏，你们看见了吗，如今的老人真是可怜。看那个懒惰的孩子自己骑着驴，却让年老的父亲在地上走。"农夫听见这话,连忙叫儿子下来,自己骑上去。

没过多久又遇上一群妇女和孩子,几个妇女七嘴八舌地喊着:"嘿,你这个狠心的老家伙!怎么能自己骑着驴,让可怜的孩子跟着走呢?"农夫立刻叫儿子上来,和他一同骑在驴的背上。

快到市场时,一个城里人大叫道:"哟,瞧这驴多惨啊,竟然驮着两个人,它是你们自己的驴吗?"另一个人插嘴说:"哦,谁能想到你们这么骑驴,依我看,不如你们两个驮着它走吧。"农夫和儿子急忙跳下来,他们用绳子捆上驴的腿,找了一根棍子把驴抬了起来。

他们卖力地想把驴抬过闹市入口的小桥时,又引起了桥头上一群人的哄笑。驴子受了惊吓,挣脱了捆绑撒腿就跑,不想却失足落入河中。农夫只好既恼怒又羞愧地空手而归了。

笑话中农夫的行为十分可笑,不过,这种任由别人支配自己行为的事并非只在笑话里出现。现实生活中,很多人在处理类似事情时就像笑话里的农夫,人家叫他怎么做,他就怎么做,谁抗议,就听谁的。结果只会让大家都有意见,且都不满意。

谁都希望自己在这个社会如鱼得水,但我们不可能让每一个人满意,不可能让每一个人都对我们展露笑容。通常的情况是,你以为自己照顾到了每一个人的感受,可还是有人对你不满,甚至根本不领情。每个人的利益是不一致的,每个人的立场,每个人的主观感受是不同的,所以我们想面面俱到,不得罪任何人,又想讨好每一个人，那是绝对不可能的！

做人无须在意太多，不必去让每个人满意，凡事只要尽心，按照事情本来的面目去做就好，简简单单地过好自己生活就行，否则就会像笑话中的农夫一样，费尽周折，结果还搞得谁都不满意。

一 别为迎合别人而改变自己

古语说，"以铜为镜，可以正衣冠；以人为镜，可以明得失"。意思是说，每个人都是一面镜子，我们可以从别人身上发现自己、认识自己。然而，如果一个人总是拿别人当镜子，那么那个真实的自我就会逐渐迷失，难以发现自己的独特之处。

有这样一则寓言：

有两只猫在屋顶上玩耍。一不小心，一只猫抱着另一只猫掉到了烟囱里。当两只猫同时从烟囱里爬出来的时候，一只猫的脸上沾满了黑烟，而另一只猫脸上却是干干净净。干净的猫看到满脸黑灰的猫，以为自己的脸也又脏又丑，便快步跑到河边，使劲地洗脸；而满脸黑灰的猫看见干净的猫，以为自己也是干干净净，就大摇大摆地走到街上，出尽洋相。

故事中的那两只猫实在可笑。它们都把对方的形象当成了自己的模样，其结果是无端的紧张和可笑的出丑。他们的可笑在于没有认真地观察自己是否弄脏,而是急着看对方,把对方当成了自己的镜子。同样道理,不论是自满的人和自卑的人,他们的问题都在于没有了解自己,形成对自身的清晰而准确的认识。

每个人都有自己生活方式与态度,都有自己的评价标准,女人可以参照别人的方式、方法、态度来确定自己采取的行动,但千万不能总拿别人当镜子。总拿别人做镜子,傻子会以为自己是天才,天才也许会把自己照成傻瓜。

胡皮·戈德堡成长于环境复杂的纽约市切尔西劳工区。当时正是"嬉皮士"时代,她经常模仿着流行,身穿大喇叭裤,头顶阿福柔犬蓬蓬头,脸上涂满五颜六色的彩妆。为此,她常遭到住家附近人们的批评和议论。

一天晚上,胡皮·戈德堡跟邻居友人约好一起去看电影。时间到了,她依然身穿扯烂的吊带裤,一件绑染衬衫,还有那一头阿福柔犬蓬蓬头。当她出现在她朋友面前时,朋友看了她一眼,然后说:"你应该换一套衣服。"

"为什么?"她很困惑。

"你扮成这个样子,我才不要跟你出门。"

她怔住了:"要换你换。"

于是朋友转身就走了。

当她跟朋友说话时,她的母亲正好站在一旁。朋友走后,母亲走向她,对她说:"你可以去换一套衣服,然后变得跟其他人一样。但你如果不想这么做,而且坚强到可以承受外界嘲笑,那就坚持你的想法。不过，你必须知道，你会因此引来批评，你的情况会很糟糕，因为与大众不同本来就不容易。"

胡皮·戈德堡受到极大震撼。她忽然明白，当自己探索一条可以说是"另类"存在方式时，没有人会给予鼓励和支持，哪怕只是一种理解。当她的朋友说"你得去换一套衣服"时，她的确陷入两难抉择：倘若今天为了朋友换衣服，日后还得为多少人换多少次衣服？她明白母亲已经看出她的决心，看出了女儿在向这类强大的同化压力说"不"，看出了女儿不愿为别人改变自己。

人们总喜欢评判一个人的外形，却不重视其内在。要想成为一个独立的个体，就要坚强到能承受这些批评。胡皮·戈德堡的母亲的确是位伟大的母亲，她懂得告诉她的孩子一个处世的根本道理——拒绝改变并没有错，但是拒绝与大众一致也是一条漫长的路。

胡皮·戈德堡这一生始终都未摆脱"与众一致"的议题。她主演的《修女也疯狂》是一部经典影片，而其扮演的修女就是一个很另类的形象。当她成名后，也总听到人们说："她在这些场合为什么不穿高跟鞋，反而要穿红黄相间的快跑运动鞋？她为什么不穿洋装？她为什么跟我们不一样？"可是到头来，人们最终接受了她的影响，学着她的样子绑细辫子头，因为她是那么与众不同，那么魅力四射。

一 每个人都有自己的路

脸庞因为笑容而美丽，生命因为希望而精彩，倘若说笑容是对他人的布施，那么希望则是对自己的仁慈。

圣严法师幼时家贫，甚至穷到连饭也吃不饱，但是几十年风风雨雨，他始终对生活充满希望。人生来平等，但所处的环境未必相同。所以，不管自己处于怎样的起点，都应该一如既往地对生活抱以热情的微笑。

法师教诲："大雨天，你说雨总会停的；大风天，你说风总是会转向的；天黑了，你说明天依然会天亮的！这就是心中有希望，有希望就有平安，就有未来。"

圣严法师小时候，有一次与父亲在河边散步，河面上有一群鸭子，游来游去，自由畅快。他站在岸边，非常羡慕地看着这群与自己水中倒影嬉戏的鸭子。

父亲停下脚步，问道："你从中看到了什么？"

面对父亲的询问，他心中一动，却也不知道如何表达自己的想法。

父亲说："大鸭游出大路，小鸭游出小路，就像是它们一样，每个人都有自己的路可以走。"

每个人都有自己的路，即使起点不同、出身不同、家境不同、遭遇不同，也可以抵达同样的顶峰，不过这个过程可能有所差异，有的人走得轻松，有的人一路崎岖，但不论如何，艳阳高照也好，风雨兼程也罢，只要怀揣着抵达终点的希望，每个人都可以获得自己的精彩。

在一个偏僻遥远的山谷里的断崖上，不知何时，长出了一株小小的百合。它刚诞生的时候，长得和野草一模一样，但是，它心里知道自己并不是一株野草。它的内心深处，有一个纯洁的念头："我是一株百合，不是一株野草。唯一能证明我是百合的方法，就是开出美丽的花朵。"它努力地吸收水分和阳光，深深地扎根，直直地挺着胸膛，对附近的杂草置之不理。

在野草和蜂蝶的鄙夷下，百合努力地释放内心的能量。百合说："我要开花，是因为知道自己有美丽的花；我要开花，是为了完成作为一株花的庄严使命；我要开花，是由于自己喜欢以花来证明自己的存在。不管你们怎样看我，我都要开花！"

终于，它开花了。它那灵性的白和秀挺的风姿，成为断崖上最美丽的风景。年年春天，百合努力地开花、结籽，最后，这里被称为"百合谷地"。因为这里到处是洁白的百合。

暂时的落后一点都不可怕，自卑的心理才是最可怕的。人生的不如意、挫折、失败对人是一种考验，是一种学习，是一种财富。我们要牢记"勤能补拙"，既能正确认识自己的不足，又能放下包袱，以最大的决心和最顽强的毅力克服这些不足，弥补这些缺陷。

人的缺陷不是不能改变，而是看你愿不愿意改变。只要下定决心，讲究方法，就可以弥补自己的不足。

在不断前进的人生中，凡是看得见未来的人，都能掌握现在，因为明天的方向他已经规划好了，知道自己的人生将走向何方。留住心中的希望种子，相信自己会有一个无可限量的未来，心存希望，任何艰难都不会成为我们的阻碍。只要怀抱希望，生命自然会充满激情与活力。

一 你是独一无二的，要告诉世界"我很重要"

多年以来，在我们的教育中，个人总是被否定的那一个：面对集体，我不重要，为了集体的利益，我应该把自己个人的利益放在一边；面对他人，我不重要，为了他人能获得开心，只能牺牲我自己的开心；面对我自己，我也不重要，这个世界上，少了我就如同少了一只蚂蚁，没有分量的我，又有什么重要？但是，作为独一无二的"我"，真的不重要吗？不，绝不是这样，"我"很重要。

当我们对自己说出"我很重要"这句话的时候，"我"的心灵一下子充盈了。是的，"我"很重要。

"我"是由无数星辰日月草木山川的精华汇聚而成的。只要计算一下我们一生吃进去多少谷物，饮下了多少清水，才凝聚成这么一具完美的躯体，我们一定会为那数字的庞大而惊讶。世界付出了这么多才塑造了这么一个"我",难道"我"不重要吗?

你所做的事,别人不一定做得来;而且,你之所以为你,必定是有一些相当特殊的地方——我们姑且称为特质吧!而这些特质又是别人无法模仿的。

既然别人无法完全模仿你,也不一定做得来你能做得了的事,试想,他们怎么可能给你更好的意见?他们又怎能取代你的位置,来替你做些什么呢?所以,这时你不相信自己,又有谁可以相信?

况且,每个来到这个世上的人,都是上帝赐给人类的恩宠,上帝造人时即已赋予了每个人与众不同的特质,所以每个人都会以独特的方式来与他人互动,进而感动别人。要是你不相信的话,不妨想想:有谁的基因会和你完全相同?有谁的个性会和你分毫不差?

由此,我们相信:你有权活在这世上,而你存在于这世上的目的,是别人无法取代的。

不过,有时候别人(或者是整个大环境)会怀疑我们的价值,时间一长,连我们都会对自己的重要性感到怀疑。请你千万千万不要让这类事情发生在你身上,否则你会一辈子都无法抬起头来。

记住!你有权力去相信自己很重要。

"我很重要。没有人能替代我,就像我不能替代别人。我很重要。"

生活就是这样的,无论是有意还是无意,我们都要发挥出对自己的信心。不要总是拿自己的短处去对比人家的长处,却忽视了自己也有人所不及的地方。自卑是心灵的腐蚀剂,自信却是心灵的发电机。所以我们无论身处何境,都不要让自卑的冰雪侵占心灵,而应燃烧自信的火炬,始终相信自己是最优秀的,这样才能调动生命的潜能,去创造无限美好的生活。

也许我们的地位卑微,也许我们的身份渺小,但这丝毫不意味着我们不重要。重要并不是伟大的同义词,它是心灵对生命的允诺。人们常常从成就事业的角度断定自己是否重要,但这并不应该成为标准。只要我们在时刻努力着,为光明在奋斗着,我们就是无比重要地存在着,不可替代地存在着。

让我们昂起头,对着我们这颗美丽的星球上无数的生灵,响亮地宣布:我很重要。

面对这么重要的自己,我们有什么理由不去爱自己呢!

一 责骂是人生的一首赞美诗

无论是在工作中,还是在生活中,如果有人责骂我们,我们的心中一定会觉得不舒服,甚至会怨恨对方。其实,责骂并不像我们想象中那样总是带给我们伤痛,相反,它如同一首人间的赞美诗,会带给我们愉悦的心情,也能给予我们更多。因为大多数人对我们的责骂,都是带着期望的,如果不想让你有更好的进步,干脆不管你就好了,何必跟你多费口舌呢?

俗话说:不挨骂,长不大。如果没有一番内心上的刺激,我们往往会变得懈怠，容易随波逐流。只有在经受了心灵上的打击之后，我们才会奋起直追，超越原来的自己。

乔做服务生的时候，经常被老板毛利先生责骂，开始的时候他心里很不舒服，常常会暗地里抱怨，可是时间长了，他发现自己每次挨了责骂后都会得到一些启示，学会一些事情，所以乔当时总是"主动地"寻找挨骂。只要遇见了毛利先生，乔绝不会像其他怕麻烦的服务生一样逃之夭夭，他会抓住机会，立刻趋身向前，向毛利先生打招呼，并请教说："早安！请问我有什么地方需要改进？"

这时，毛利先生便会对他指出许多需要注意的地方，乔在聆听训话之后，必定马上遵照他的指示改正缺点。

乔之所以主动到毛利先生面前请教，是因为他深知年轻资浅的服务生很难有机会和老板交谈，只有如此把握机会，别无他法。而且向老板请教，通常正是老板在视察自己工作的时候，这就是向老板推销自己的最佳时机。所以，毛利先生对乔的印象就深刻，对乔有所指示时，也总是亲切直呼他的名字，告诉乔什么地方需要注意。

他就这样每天主动又虚心地向他请教，持续了两年。有一天，毛利先生对乔说："我长期观察，发现你工作相当勤勉，值得鼓励，所以明天开始我请你担任经理。"就这样，十九岁的服务生一下子便晋升为经理，在待遇方面也提高很多。被人指责训诲，就是在接受另一种形式的教育。对于毛利先生一年365天的不断教导，乔至今仍感谢不已。

在被指责或训诲时，尤其是被自己的上级或者比自己尊贵的人指责或训诲，非但要认真地听，听完之后，更要面带笑容，以愉悦的口吻回应："是的，我已经知道了，您说得很中肯，我一定严格要求自己。"

相反，如果遇到这种情况，显出非常紧张不安的话，会让对方认为你心存反抗，而感到不舒服。换言之，静静地接受指责或聆听训诲，并保持不失礼的态度来和对方亲近，就是在尊崇对方，是留给对方良好印象的窍门。

如果你因在众人面前被责骂而感到非常丢脸，因此而怨恨的话，那就大错特错，这时，你要换个正确的角度来想，认为他在培养自己、教育自己、帮助自己、在给自己面子。你要认为在众人当中，只有自己才值得特别地被责骂，是最有前途的一个，更可以认为"他对我充满期待"而感到骄傲。最没有前途的人，就是被忽视的人。

第九章

牛角尖原理：人生处处有死角，要懂得转弯
——走错的方向，不值得坚持

一 牛角尖原理：人生处处有死角，要懂得转弯

任何事物的发展都不是一条直线，聪明人能看到直中之曲和曲中之直，并不失时机地把握事物迂回发展的规律，通过迂回应变，达到既定的目标。

顺治元年（1644年），清王朝迁都北京以后，摄政王多尔衮便着手进行武力统一全国的战略部署。当时的军事形势是：农民军李自成部和张献忠部共有兵力四十余万；刚建立起来的南明弘光政权，汇集江淮以南各镇兵力，也不下五十万人，并雄踞长江天险；而清军不过二十万人。如果在辽阔的中原腹地同诸多对手作战，清军兵力明显不足。况且迁都之初，人心不稳，弄不好会造成顾此失彼的局面。

多尔衮审时度势，机智灵活地采取了以迂为直的策略，先怀柔南明政权，集中力量攻击农民军。南明当局果然放松了对清的警惕，不但不再抵抗清兵，反而派使臣携带大量金银财物，到北京与清廷谈判，向清求和。这样一来，多尔衮在政治上、军事上都取得了主动地位。顺治元年七月，多尔衮对农民军的进攻取得了很大进展，后方亦趋稳固。此时，多尔衮认为最后消灭明朝的时机已经到来，于是，发起了对南明的进攻。当清军在南方的高

压政策和暴行受阻时,多尔衮又施以迂为直之术,派明朝降将、汉人大学士洪承畴招抚江南。顺治五年(1648年),多尔衮以他的谋略和气魄,基本上完成了清朝在全国的统治。

迂回的策略,十分讲究迂回的手段。特别是在与强劲的对手交锋时,迂回的手段高明、精到与否,往往是能否在较短的时间内由被动转为主动的关键。

美国当代著名企业家李·艾柯卡在担任克莱斯勒汽车公司总裁时,为了争取到10亿美元的国家贷款来解公司之困,他在正面进攻的同时,采用了迂回包抄的办法。一方面,他向政府提出了一个现实的问题,即如果克莱斯勒公司破产,将有60万左右的人失业,第一年政府就要为这些人支出27亿美元的失业保险金和社会福利开销,政府到底是愿意支出这27亿呢,还是愿意借出10亿极有可能收回的贷款?另一方面,对那些可能投反对票的国会议员们,艾柯卡吩咐手下为每个议员开列一份清单,单上列出该议员所在选区所有同克莱斯勒有经济往来的代销商、供应商的名字,并附有一份万一克莱斯勒公司倒闭,将在其选区产生的经济后果的分析报告,以此暗示议员们,若他们投反对票,因克莱斯勒公司倒闭而失业的选民将怨恨他们,由此也将危及他们的议员席位。

这一招果然很灵,一些原先激烈反对向克莱斯勒公司贷款的议员们不再说话了。最后,国会通过了由政府支持克莱斯勒公司15亿美元的提案,比原来要求的多了5亿美元。

俗话说:"变则通,通则久。"所以在经历一些暂时没有办法解决的事情面前，我们应该学着变通，不能死钻牛角尖，此路不通就换条路。有更好的机会就赶快抓住，不能一条路走到黑，生活不是一成不变的，有时候我们转过身，就会突然发现，原来我们的身后也藏着机遇，只是当时的我们赶路太急，把那些美好的事物给忽略掉了。

一 变通，走出人生困境的锦囊妙计

变通是一种智慧，在善于变通的世界里，不存在困难这样的字眼。再顽固的荆棘，也会被他们用变通的方法连根拔起。他们相信，凡事必有方法去解决，而且能够解决得很完善。

一位姓刘的老总深有感触地讲述了自己的故事：

十多年前，他在一家电气公司当业务员。当时公司最大的问题是如何讨账。产品不错，销路也不错，但产品销出去后，总是无法及时收到款。

有一位客户，买了公司20万元产品，但总是以各种理由迟迟不肯付款。公司派了三批人去讨账，都没能拿到货款。当时他刚到公司上班不久，就和另外一位姓张的员工一起，被派去讨账。他们软磨硬泡，想尽了办法。最后，客户终于同意给钱，叫他们过两天来拿。

两天后他们赶去，对方给了一张20万元的现金支票。

他们高高兴兴地拿着支票到银行取钱，结果却被告知，账上只有199900元。很明显，对方又要了个花招，他们给的是一张金额不足的支票。第二天就要放春节假了，如果不及时拿到钱，不知又要拖延多久。

遇到这种情况，一般人可能一筹莫展了。但是他突然灵机一动，于是拿出100元钱，让同去的小张存到客户公司的账户里去。这一来，账户里就有了20万元。他立即将支票兑了现。

当他带着这20万元回到公司时，董事长对他大加赞赏。之后，他在公司不断发展，5年之后当上了公司的副总经理，后来又当上了总经理。

显然，刘总为我们讲了一个精彩的故事，他的智慧，使一个看似难以解决的问题迎刃而解了；因为他的变通，才使他获得不凡的业绩，并得到公司的重用。可以说，变通就是一种智慧。

学会变通，懂得思考才会有"柳暗花明又一村"的惊喜。事实也一再证明，看似极其困难的事情，只要用心去寻找变通的方法，必定有所突破。

委内瑞拉人拉菲尔·杜德拉也是凭借这种不断变通而发迹的。在不到20年的时间里，他就建立了投资额达10亿美元的事业。

20世纪60年代中期，杜德拉在委内瑞拉的首都拥有一家很小的玻璃制造公司。可是，他并不满足于干这个行当，他学过石油工程，他认为石油是个赚大钱和更能施展自己才干的行业，他一心想跻身于石油界。

有一天，他从朋友那里得到一则信息，说是阿根廷打算从国际市场上采购价值2000万美元的丁烷气。得此信息，他充满了希望，认为跻身于石油界的良机已到，于是立即前往阿根廷，想争取到这笔合同。

去后，他才知道早已有英国石油公司和壳牌石油公司两个老牌大企业在频繁活动了。这是两家十分难以对付的竞争对手，更何况自己对经营石油业并不熟悉，资本又并不雄厚，要成交这笔生意难度很大。但他并没有就此罢休，他决定采取变通的迂回战术。

一天，他从一个朋友处了解到阿根廷的牛肉过剩，急于找门路出口外销。他灵机一动，感到幸运之神到来了，这等于给他提供了同英国石油公司及壳牌公司同等竞争的机会，对此他充满了必胜的信心。

他旋即去找阿根廷政府。当时他虽然还没有掌握丁烷气，但他确信自己能够弄到，他对阿根廷政府说："如果你们向我买2000万美元的丁烷气，我便买你2000万美元的牛肉。"当时，阿根廷政府想赶紧把牛肉推销出去，便把购买丁烷气的投标给了杜德拉，他终于战胜了两个强大的竞争对手。

投标争取到后，他立即筹办丁烷气。他立刻飞往西班牙。当时西班牙有一家大船厂，由于缺少订货而濒临倒闭。西班牙政府对这家船厂的命运十分关心，想挽救这家船厂。

这一则消息，对杜德拉来说，又是一个可以把握的好机会。他便去找西班牙政府商谈，说："假如你们向我买2000万美元的牛肉，我便向你们的船厂订制一艘价值2000万美元的超级油轮。"西班牙政府官员对此求之不得，当即拍板成交，马上通过西班牙驻阿根廷使馆，与阿根廷政府联络，请阿根廷政府将杜德拉所订购的2000万美元的牛肉，直接运到西班牙来。

杜德拉把2000万美元的牛肉转销出去之后，继续寻找丁烷气。他到了美国费城，找到太阳石油公司，他对太阳石油公司说："如果你们能出2000万美元租用我这条油轮，我就向你们购买2000万美元的丁烷气。"太阳石油公司接受了杜德拉的建议。从此，他便打进了石油业，实现了跻身于石油界的愿望。经过苦心经营，他终于成为委内瑞拉石油界的巨子。

杜德拉是具有大智慧、大胆魄的商业奇才。这样的人能够在困境中变通，寻找方法，创造机会，将难题转化为有利的条件，创造更多可以脱颖而出的资源。美国一位著名的商业人士在总结自己的成功经验时说，他的成功就在于他善于变通，他能根据不同的困难，采取不同的方法，最终克服困难。对于善于变通的人来说，世界上不存在困难，只存在暂时还没想到的方法。

一 掬一捧清泉，原来只需换个地方打井

生活有时就像打井，如果在一个地方总打不出水来，你是一味地坚持继续打下去，还是考虑可能是打井的位置不对，从而及

时调整工作方案去寻找一个更容易出水的地方打井？

人生之中，每个人都具有独特的、与众不同的才能和心智，也总存在着一些更适合于他做的事业。在竭尽全力拼搏之后却仍旧不能如愿以偿时，我们应该这样想："上天告诉我，你转入另一条发展道路上，一定能取得成功。"因为种种原因而不得不改变自己的发展方向时，也应告诉自己："原来是这样，自己一直认为这是很适合于自己的事，不过，一定还有比这个更适合自己的事。"应该认为另一条新的道路已展现在你的眼前了。

尝试着换个地方打井，也同样会觅到甘甜清冽的泉水。

有一位农民，从小便树立了当作家的理想。为此，他十年如一日地努力着，坚持每天写作。他将一篇篇改了又改的文章满怀希望地寄往远方的报社和杂志社。可是，好几年过去了，他从没有只字片言变成铅字，甚至连一封退稿信也没有收到过。

终于在29岁那年，他收到了第一封退稿信。那是一位他多年来一直坚持投稿的刊物的编辑寄来的，编辑写道："……看得出，你是一个很努力的青年。但我不得不遗憾地告诉你，你的知识面过于狭窄，生活经历也显得相对苍白。但我从你多年的来稿中发现，你的钢笔字越来越出色……"

他叫张文举，现在是一位著名的硬笔书法家。

不管从事何种职业的人，都必须充分认识、挖掘自己的潜能，确定最适合自己的发展方向，否则有可能虚度了光阴，埋没了才能。

美国作家马克·吐温曾经经商，第一次他从事打字机的投资，因受人欺骗，赔进去19万美元；第二次办出版公司，因为是外行，不懂经营，又赔了10万美元。两次共赔将近30万美元，不仅把自己多年的积蓄赔个精光，还欠了一屁股债。

马克·吐温的妻子奥莉姬深知丈夫没有经商的才能，却有文学上的天赋，便帮助他鼓起勇气，振作精神，重新走创作之路。终于，马克·吐温很快摆脱了失败的痛苦，在文学创作上取得了辉煌的成就。

及时为人生掉个头，你会欣赏到另一种精彩绮丽的美景。

职场中，有人终日做着自己不大"感冒"的工作，牢骚满腹，却甘于如此，得过且过；有人痛下决心，果断地告别待遇不错的"铁饭碗"，去开创属于自己的天地。

据调查，有28%的人正是因为找到了自己最擅长的职业，才彻底地掌握了自己的命运，并把自己的优势发挥到淋漓尽致的程度。这些人自然都跨越了弱者的门槛，而迈进了成大事者之列；相反，有72%的人正是因为不知道自己的"对口职业"，而总是别别扭扭地做着不擅长的工作，却又不敢换个地方"打井"。因此不能脱颖而出，更谈不上成大事了。

如果你用心去观察那些成功者，会发现他们都有一个共同的特征：不论聪明才智高低与否，也不论他们从事哪一种行业，担任何种职务，他们都在做自己最擅长的事。

优秀的人在为自己的价值能够得到发挥而寻找途径的时候，所遵从的第一要务不是要求自己立即学习到新的本领，而是试图将自己原有的才能发挥到极限。这好比要使咖啡香甜，正确的做法不是一个劲儿地往杯子里面加入砂糖，而是将已经放入的砂糖搅拌均匀，让甜味完全散发出来。

当你执着于在一个地方打井的时候，却不知甘甜清洌的泉水就在你的身后。有时，为探寻真正的人生甘泉，我们需要时刻准备，去勇敢地换个地方"打井"。

一 从没有一艘船可以永不调整航向

许多人以为，学习只是青少年时代的事情，只有学校才是学习的场所，自己已经是成年人，并且早已走向社会了，因而再没有必要进行学习。剑桥大学的一位专家指出："这种看法乍一看，似乎很有道理，其实是不对的。在学校里自然要学习，难道走出校门就不必再学了吗？学校里学的那些东西，就已经够用了吗？"其实，学校里学的东西是十分有限的。工作中、生活中需要的相当多的知识和技能，课本上没有，老师也没有教给我们，这些东西完全要靠我们在实践中边摸索边学习。

彼得·唐宁斯曾是美国 ABC 晚间新闻当红主播，他虽然连大学都没有毕业，但是把事业作为他的教育课堂。在他当了三年主播后，毅然决定辞去人人艳羡的职位，到新闻第一线去磨炼，干起记者的工作。他在美国国内报道了许多不同路线的新闻，并且成为美国电视网第一个常驻中东的特派员，后来他搬到伦敦，成为欧洲地区的特派员。经过这些历练后，他重又回到ABC主播台的位置。此时，他已由一个初出茅庐的年轻小伙子成长为一名成熟稳健而又受欢迎的记者。

近10年来，人类的知识大约是以每三年增加一倍的速度向上提升。知识总量在以爆炸式的速度急剧增长，老知识很快过时，知识就像产品一样频繁更新换代，使企业持续运行的期限和生命周期受到最严厉的挑战。据初步统计，世界上IT企业的平均寿命大约为5年，尤其是那些业务量快速增加和急功近利的企业，如果只顾及眼前的利益，不注意员工的培训学习和知识更新，就会导致整个企业机制和功能老化，成立两三年就"关门大吉"！联想、TCL等企业成功的经验表明：培训和学习是企业强化"内功"和发展的主要原动力。只有通过有目的、有组织、有计划地培养企业每一位员工的学习和知识更新能力，不断调整整个企业人才的知识结构，才能应对这样的挑战。

在知识经济迅猛发展的今天，你有没有想过，你赖以生存的知识、技能时刻都在折旧。在风云变幻的职场中，脚步迟缓的人瞬间就会被甩到后面。根据剑桥大学的一项调查，半数的劳工技能1～5年就会变得一无所用，而以前这些技能的淘汰期是7～14年，特别是在工程界，毕业后所学还能派上用场的不足1/4。

这绝非危言耸听，美国职业专家指出，现在的职业半衰期越来越短，高薪者若不学习，无须5年就会变成低薪。就业竞争加剧是知识折旧的重要原因，据统计，25周岁以下的从业人员，职业更新周期是人均一年零四个月。当10个人中只有1个人拥有电脑初级证书时，他的优势是明显的，而当10个人中已有9个人拥有同一种证书时，那么原有的优势便不复存在。未来社会只会有两种人：一种是忙得不可开交的人，另一种是找不到工作的人。

所以，从没有一艘船可以永不调整航向，活到老，学到老，及时变通才是百战百胜的利器。现在知识、技能的更新越来越快，不通过学习、培训进行更新，适应性将越来越差，而那些企业又时刻把目光盯向那些掌握新技能、能为企业带来经济效益的人。21世纪的发展已经表明，未来的社会竞争将不再只是知识与专业技能的竞争，而是学习能力的竞争，一个人如果善于学习，他的前途会一片光明，而一个良好的企业团队，要求每一个组织成员都是那种迫切要求进步、努力学习新知识的人。

不根据自己的需要随时调整航向的船，只会被风暴卷入失败的深渊，"活到老，学到老"不是一句空口号，而是要我们认真去执行，才能及时调整自己前进的方向，不被社会落下。

一 与时俱进，随时进行自我更新

有时候，我们的想法往往会背叛我们的思维，让想法和实际分离。"思维"这个词来自希腊文，最初是一个科学名词，目前多半用来指某种理论、典范或假说。不过广义而言，是指我们看待外在世界的观点。我们的所见所闻并非直接来自感官，而是透过主观的了解、感受与诠释。

无论是面对自我，还是面对世界，每个人都有一定的思维方式。例如，在人类的思想行为中，有"五大基本问题"：

1. 我是谁？
2. 我如何成为今天的我？
3. 为什么我会有这样的思考、感受和行动？
4. 我能改变吗？
5. 最重要的问题是——怎么做？

延续这五大问题，我们的心灵告诉我们该怎么去认识世界、进行自我行动。所以说思维对一个人的发展来说是至关重要的，它决定了我们对待自我、对待世界的态度。思维可以说是对于我们所能感知的世界的一个认知缩写，无论这个认知正确与否。

我们可以把思维比作地图。地图并不代表一个实际的地点，只是告诉我们有关地点的一些信息。思维也是这样，它不是实际的事物，而是对事物的诠释或理论。

很多人经常会遇到这样的事：到了一处陌生的地方，却发现带错了地图，结果寸步难行，感觉非常尴尬无助。同样，若想改掉缺点，但着力点不对，只会白费工夫，与初衷背道而驰。或许你并不在乎，因为你奉行"只问耕耘，不问收获"的人生哲学。但问题在于方向错误，"地图"不对，努力便等于浪费。唯有方向

（地图）正确，努力才有意义。在这种情况下，只问耕耘，不问收获也才有可取之处。因此，关键仍在于手上的地图是否正确。我们常常嘲笑南辕北辙的人，却不知自己也会在错误的心灵地图的带领下，犯着同样的错误。

在前面我们已经说过，思维不仅面对世界，还面对自我，那么心灵地图大致上也可分为两大类：一是关于现实世界的，这就是我们的世界观；一个是有关个人价值判断的，这就是我们的价值观。我们以这些心灵的地图诠释所有的经验，但从不怀疑地图是否正确，甚至不知道它们的存在。我们理所当然地以为，个人的所见所闻就是感官传来的信息，也就是外界的真实情况。我们的态度与行为又从这些假设中衍生而来，所以说，世界观和价值观决定一个人的思想与行为。

自我是在不断发展的，世界也是在不断进步的，所以我们行动的世界观和价值观也应该不断地完善与进步，要随时随地来完善我们的"心灵地图"。

打个比方，现在无数的城市旧貌换新颜，尤其是近几年来发生了翻天覆地的变化，如果有人使用三年前的地图，恐怕已经找不到原来的道路，不知道如何才能找到目标了。地理如此，时空如此，何况人心呢？许多人，他们之所以感到困惑、挫折，甚至感到迷失了自我，就在于他们仍然使用着过去的"心灵地图"，仍然按照旧有的生活轨道在向前走，他们不知道这幅地图已经需要修改了。

其实，我们的思维从童年就已开始发展，经过长期的艰苦努力形成了一个认识自我和世界的自我思维方式，形成了一幅表面上看来十分有用的心灵地图。我们要按这幅地图去应对生活中的各种坎坷，寻找自己前进的道路。

但是未必有了心灵地图就有了正确的行动。如果这幅地图很正确，也很准确，我们就知道自己在哪个位置上；如果我们打算去某个地方，就知道该怎么走。如果这幅地图信息不对、不准确，我们就无法判断怎么做才正确，怎样决定才明智，我们的头脑就会被假象所蒙蔽，因为这幅图是虚假的、错误的，我们将不可避免地迷失方向。

我们不能一辈子就带着这一幅"地图"，我们应该不断地描绘它、修改它，力求准确地反映客观现实，这样我们才不会在人间这个繁华的大都市里迷路。前人诗云："流水淘沙不暂停，前波未灭后波生。"我们必须下功夫去观察客观现实，这样画出来的"地图"才准确。但是，很多人过早地停止了描绘"地图"的工作，他们不再汲取新的信息，而自以为自己的"心灵地图"完美无缺。这些人是不幸的、可怜的，所以他们多半有心理问题。只有幸运的少数人能自觉地探索现实，永远扩展、冶炼、筛选他们对世界的理解，他们的精神生活也丰富多彩。所以，我们要不断地修改这幅反映现实世界的"心灵地图"，要不断地获取世界的新信息。如果新信息表明，原先的"地图"已经过时，需要重画，就要不畏修改"地图"的艰难，勇敢地进行自我更新。

一 执着与固执只有一步之遥

中国人常说:"人活一张脸,树活一层皮。""面子"的地位之重在我们的传统道德观念中可见一斑。可以说,中国社会对人的约束主要就是廉耻和脸面,然而若因此就固执地以"面子"为重,养成死要面子的人生态度不是件好事。

有一个人做生意失败了,但是他仍然极力维持原有的排场,唯恐别人看出他的失意。为了能重新振兴起来,他经常请人吃饭,拉拢关系。宴会时,他租用私家车去接宾客,并请了两个钟点工扮作女佣,佳肴一道道地端上,他以严厉的眼光制止自己久已不知肉味的孩子抢菜。

前一瓶酒尚未喝完,他已打开柜中最后一瓶 XO。当那些心里有数的客人酒足饭饱告辞离去时,每一个人都热情地致谢,并露出同情的眼光,却没有一个人主动提出帮助。

希望博得他人的认可是一种无可厚非的正常心理,然而,人们总是希望获得更多的认可。所以,人的一生就常常会掉进为寻求他人的认可而活的爱慕虚荣的牢笼里面,面子左右了他们的一切。

50多年前,林语堂先生在《吾国吾民》中认为,统治中国的三女神是"面子、命运和恩典"。"讲面子"是中国社会普遍存在的一种民族心理,面子观念的驱动,反映了中国人尊重与自尊的情感和需要,但过分地爱面子得不偿失。

有一个博士分到一家研究所，成为学历最高的一个人。

有一天他到单位后面的小池塘去钓鱼，正好正副所长在他的一左一右，也在钓鱼。他只是微微点了点头，这两个本科生，有啥好聊的呢？

不一会儿，正所长放下钓竿，伸伸懒腰，噌噌噌从水面上健步如飞地走到对面上厕所。博士眼睛睁得都快掉下来了。水上漂？不会吧！这可是一个池塘啊。正所长上完厕所回来的时候，同样也是噌噌噌地从水上回来了。怎么回事？博士生又不好去问，自己是博士生哪！

过了一阵，副所长也站起来，走几步，噌噌噌地掠过水面上厕所。这下子博士更是差点昏倒：不会吧，到了一个江湖高手集中的地方？博士生也内急了。这个池塘两边有围墙，要到对面厕所非得绕十分钟的路，而回单位上又太远，怎么办？博士生也不愿意问两位所长，憋了半天后，也起身往水里跨：我就不信本科生能过的水面，我博士生不能过。只听"咚"的一声，博士生栽到了水里。

两位所长将他拉了出来，问他为什么要下水，他问："为什么你们可以走过去呢？"两所长相视一笑："这池塘里有两排木桩子，由于这两天下雨涨水正好在水面下。我们都知道这木桩的位置，所以可以踩着桩子过去。你怎么不问一声呢？"

上面的这个例子再经典不过了，一个人过于爱惜面子，难免会流于迂腐。"面子"是"金玉在外，败絮其中"的虚浮表现，刻意地张扬面子，或让"面子"成为横亘在生活之路上的障碍，终有一天会吃到苦头。因此，无论是人际方面还是在事业上，我们都不要因为小小的面子，为自己的生活带来不必要的麻烦和隐患。其实"面子观"是一种死守面子、唯面子为尊的价值观念和行事思想。"面子观"对我们行事做人有很大的束缚。因此，在不利的环境下我们要勇于说"不"，千万别过多地考虑"面子"，使自己陷入"面子观"的怪圈之中。

事实上，我们没必要为了面子而固执地使自己显得处处比别人强，仿佛自己什么都能做到。每个人都有缺陷，不要试图每一方面都优秀。聪明的人，敢于承认自己不如人，也敢于对自己不会做的事说不，所以他们自然能赢得一份适意的人生。

执着，让我们赢得了通往成功的门票，而固执，让我们在死不认输时输掉了整个人生。所以，正确剖析自己，敢于承认技不如人，放下不值钱的面子，走出面子围城，这不是软弱，而是人生的智慧。

无意义的坚持会让你走更多弯路

两个贫苦的农夫，每天都要翻过一座大山去耕地，以维持生计。有一天在回家的路上发现两大包棉花，两人喜出望外，棉花的价格比粮食要高很多，将这两包棉花卖掉，足可使家人一个月衣食无忧。当下两人各自背了一包棉花，匆匆赶路回家。

走着走着，其中一个农夫眼尖，看到山路上扔着一大捆布。走近细看，竟是上等的细麻布，足足有十几匹。他欣喜之余，和同伴商量，一同放下背负的棉花，改背麻布回家。他的同伴却有不同的看法，认为自己背着棉花已经走了一大段路，到了这里丢下棉花，岂不枉费自己先前的辛苦，坚持不换麻布。发现麻布的农夫怎么劝，同伴都不听，没办法，他只能自己竭尽所能地背起麻布，继续前行。

又走了一段路后，背麻布的农夫望见林子里闪闪发光，走近一看，地上竟然散落着数坛黄金，心想这下真的发财了，赶忙邀同伴放下肩头的棉花，改为挑黄金。他同伴仍是那套不愿丢下以免枉费辛苦的论调，并且怀疑那些黄金不是真的，劝他不要白费力气，免得到头来空欢喜一场。

发现黄金的农夫只能自己挑了两坛黄金，和背棉花的伙伴赶路回家。走到山下时，无缘无故下了一场大雨，两人在空旷处被淋了个湿透。更不幸的是，背棉花的农夫背上的大包棉花吸饱了雨水，重得完全无法背动，那农夫不得已，只能丢下一路舍不得放弃的棉花，空着手和挑金子的同伴回家去了。

坚持是一种良好的品性，但是有时候，坚持是一种执念，无谓的坚持可能让你走更多的弯路。坚持背着棉花的农夫，或许更为专一，或许更为执着，但是坚持的背后，是不愿意枉费之前的辛苦，是没有勇气逃离生活的惯性，作出新的抉择。

明智的坚持是执着，而无谓的坚持，却是固执，是执拗。如果目标是正确的，固然坚持就是胜利，然而如果目标是错误的，却仍旧不顾一切地奋力向前，则无疑是莽撞的，可能由此导致不良的后果，这或许比没有目标更为可怕。就像坚持背棉花的农夫，没有根据实际情况适时地调整目标，而是一味地作无谓的坚持，结果，不仅错失了拥有麻布和黄金的机会，最终连棉花都不得不放弃。成功者的秘诀是随时检视自己的选择是否有偏差，合理地调整目标，放弃无谓的坚持，只有如此，方能轻松地走向成功。

诺贝尔奖得主莱纳斯·波林曾经说过："一个好的研究者应该知道发挥哪些构想，而哪些构想应该丢弃，否则，会浪费很多时间在差劲的构想上。"确实如此，如果在错误的构想上盲目地坚持，最终只能走入死胡同，只有根据研究进展，灵活选择放弃或者坚持，方能有所建树。科研领域如此，其他领域亦然，审时度势，适时地放弃无谓的坚持，方能少走弯路，方为成功之道。

一 果敢放弃，不留丝毫犹豫和留恋

鲁迅曾说："其实世上本没有路，走的人多了，也便成了路。"生活中，只会盲从他人，不懂得另辟蹊径者，将很难赢取成功和荣耀。

人生的道路有千万条，条条大路都能通罗马，每条路都是我们的选择之一。所以一旦这条路行不通，不要犹豫，立即换一条路。行行出状元，在无力接受某一课程时，千万不要勉强自己，否则只会越来越糟,耽误时间不说,还误了美好的前程。

一位叫王丽的姑娘,长得端庄、秀丽,她表姐是外企职工,收入颇高,工作环境也很好,她对王丽的影响很大。王丽也想像表姐一样去外企工作,过上优越的生活。无奈她的外语水平太差,单词总是记不住,语法也总是弄不懂。马上就要高考了,她想报考外语专业,可越着急越学不好。她整天想着白领阶层的生活,不知不觉沉浸其中。

她一心学外语,其他科目全部放弃。由于只有一条路,她更担心考不上外语系。整天就想着考上以后的生活,或考不上又怎么办,全无心思学习。

"白日梦"是青春期男女常见的心理现象。整天沉醉于其中的人,都是些对现状不满意又无力改变的人。因为"白日梦"可以使人暂时忘记不如意的现实,摆脱某些烦恼,在幻想中满足自己被人尊敬、被人喜爱的需要,在"梦"中,"丑小鸭"变成了"白天鹅"。

做美好的梦,对智者来说是一生的动力,他们会由梦出发,立即行动,全力以赴朝着美梦发展,一步步使梦想成真。但对弱者来说,"白日梦"是一个陷阱,他们在此处滑下深渊,无力自救。

如何走出深渊呢?首先,要有勇气正视不如意的现实,并学会管理自己。这里教给你一个简单而有效的方法,就是给自己制定时间表。先画一张周计划表,把一天至少分为上午、下午和晚上三格,然后把你在这一周中需要做的事统统写下来,再按轻重缓急排列一下,把它们填到表格里。每做完一件事情,就把它从表上划掉。到了周末总结一下，看看哪些计划完成了，哪些计划没有完成。这种时间表对整天不知道怎么过的人有独特的作用，因为当你发现有很多事情要做，做完一件事就有一种踏实的感觉时，就比较容易把幻想变为行动了。你用工作挤走了幻想，并在工作中重塑了自己，增强了自信。

其次，要有敢于放弃的勇气和决心，梦再美好，也只是梦。与其在美梦中遐想，不如走出一条适合自己的路。因此该放弃的就放弃，千万不要有丝毫的犹豫和留恋，要迅速踏上另一条通向罗马的路。

失败时，我们不妨换个角度思考

人生总免不了遭遇这样或者那样的失败。确切地说，我们几乎每天都在经受和体验各种失败。有时候，我们甚至会在毫不经意和不知不觉之间与失败不期而遇。面对失败，我们又往往会采取习惯的对待失败的措施和办法——或以紧急救火的方式扑救失败，或以被动补漏的办法延缓失败，或以收拾残局的方法打扫失败，或以引以为戒的思维总结失败……虽然这些都是失败之后十分需要甚至必不可少的，却是在眼睁睁看着失败发生而又无法抢救的情况下采取的无奈之举。任凭失败一路前行而无力改变，实在是更大的失败和遗憾。

在美国西部的一个农场，有一个伐木工人叫刘易斯。一天，他独自一人开车到很远的地方去伐木。一棵被他用电锯锯断的大树倒下时，被对面的大树弹了回来，他躲闪不及，右腿被沉重的树干死死压住，顿时血流不止，疼痛难忍。面对自己伐木史上从未遇到过的失败和灾难，他的第一个反应就是："我该怎么办？"

他看到了这样一个严酷的现实：周围几十里没有村庄和居民，10小时以内不会有人来救他，他会因为流血过多而死亡。他不能等待，必须自己救自己。他用尽全身力气抽腿，可怎么也抽不出来。他摸到身边的斧子，开始砍树。但因为用力过猛，才砍了三四下，斧柄就断了。他真是觉得没有希望了，不禁叹了一口气，但他克制住了痛苦和失望。他向四周望了望，发现在不远的地方，放着他的电锯。他用断了的斧柄把电锯弄到手，想用电锯将压在腿上的树干锯掉。可是，他很快发现村干是斜着的，如果锯树，树干就会把锯条死死夹住，根本拉动不了。看来，死亡是不可避免了。

然而，正当他几乎绝望的时候，他忽然想到了另一条路，那就是不锯树而把自己被压住的大腿锯掉。这是唯一可以保住性命的办法！他当机立断，毅然决然地拿起电锯锯断了被压着的大腿。他终于用难以想象的决心和勇气，成功地拯救了自己！

失败时，我们不妨换一个角度去思考，也许就会走出所谓的失败，走向成功，所以说问题的关键不是失败，而是我们看待失败的心态。

古时候有一位国王，梦见山倒了、水枯了、花也谢了，便叫王后给他解梦。王后说:"大事不好。山倒了指江山要倒;水枯了指民众离心,君是舟,民是水,水枯了,舟也不能行了;花谢了指好景不长了。"国王听后惊出一身冷汗,从此患病,且越来越重。一位大臣要参见国王,国王在病榻上说出了他的心事,哪知大臣一听,大笑说:"太好了,山倒了指从此天下太平;水枯了指真龙现身,国王你是真龙天子;花谢了,花谢见果呀!"国王听后全身轻松,病也好了。

所以,当我们失败时,如果能够静下心来,坦然面对,那么在我们从另一个出口走出去时,就有可能看到另一番天地。在我们的生活与工作中,遇到困难或是难以跨越的"坎"时,不妨尝试一下换一种思考的方式,你也许很快就会解决问题。人生的出口其实就是自己的人生蜕变,是自己坦然面对问题的勇气和决心,是洒脱后的平静,而这条路已经离你越来越近了,很快就能看到宽广的大道,从此,心将不在迷路。

昂头走路时不忘低头看路

人一旦朝着错误的方向坚持就会变成偏执,慢慢便变得盲目自大,不切实际地高估自己的能力,以致失去自知。这样的人通常以自我为中心,孤傲、自大是他们惯有的常态,但是这样最终会让人付出惨重的代价。所以,只有从孤芳自赏的偏执中清醒过来，才能开创人生辉煌。

许多人总是把偏执的自负当成激励自己继续努力和赖以为生的精神动力，事实上，自负是一种精神与心灵上的盲目。综观历史，一些成功人士的失败，无不源于在成就面前的忘乎所以、我行我素、目空一切。

富兰克林少年得志，豪情满怀，意气风发，他的表现、风度自然也是卓尔不群。一位爱护他的老前辈意识到，一位有成就的普通人如此表现无可厚非，但作为国家领导人，这样很危险。于是他将富兰克林约出来，地点选在一所低矮的茅屋前。富兰克林习惯于昂首阔步，大步流星，于是一进门只听"砰"的一声，他的额头顿时起了一个大包，痛得连声叫喊。

迎出来的老前辈连忙说："很疼吧！对于习惯于仰头走路的人来说，这是难免的。"富兰克林终于有所领悟。

俗话说："满招损，谦受益。"骄傲自大的人，常因"鼻孔朝天"而四处碰壁，而谦虚的人却能时刻保持谨慎诚恳的姿态，踏踏实实地走好每一步，于是人生之路越走越顺。

"满"不是自我张扬，"谦"也不是自我压抑，最关键的是站在成功面前，以一颗平和的心面对未来，只有这样，才能把自己的成就保持长久。爱迪生的晚年经历也许能给我们一些启发。

当初那个锐意进取的爱迪生，到了晚年曾说过一句令我们目瞪口呆的话："你们以后不要再向我提出任何建议。因为你们的想法，我早就想过了！"于是悲剧开始了。

1882年，在白炽灯彻底获得市场认可后，爱迪生的电气公司开始建立电力网，由此开始了"电力时代"。当时，爱迪生的公司是靠直流电输电的。不久，交流电技术开始崭露头角，但受限于数学知识（交流电需要较多数学知识）的不足，更受限于孤芳自赏的心态，爱迪生始终不承认交流电的价值。凭借自己的威望，爱迪生到处演讲，不遗余力地攻击交流电，甚至公开嘲笑交流电唯一的用途就是做电椅杀人！发展交流电技术的威斯汀豪斯公司，一度被爱迪生压得抬不起头。

但一朝不等于一世，后来那些崇拜、迷信爱迪生的人在铁一般的事实面前惊讶地发现：交流电其实比直流电强得多！爱迪生辉煌的人生在接近尾声时栽了一个致命的大跟头，而且再也没能爬起来，成了他一生挥之不去的败笔。

是什么使爱迪生前后判若两人？是什么毁了一个功成名就的伟人？在逆境中，爱迪生保持了惊人的毅力与良好的心态；在顺境中，他却像历史上很多伟人一样，沉浸在自己的成就中，变得狂妄、轻率而固执。

不要相信能人会永远英明，即便连伟大的爱迪生，到晚年都保不住自己的"品牌"。古今中外的很多伟人都难逃"成功—自信—自负—狂妄—轻率—惨败"的怪圈。真正聪明的人，总是在为事业奠定了物质和制度基础后，平视自己的成就，平视周围的人，而不是仰视成就、俯视周围的人和事，昂头赏月时也不忘低头看路，只有这样的人才可能事业常青。

第十章

芳草理论：天涯生芳草，何苦纠缠不放
——失去的恋情，不值得留恋

一 芳草理论：天涯生芳草，何苦纠缠不放

爱情不是盛开在天堂里的花朵，在这个纷繁复杂的物质社会里，爱情也常常会受到各类"病毒"的侵袭，遭遇一些或大或小的冲突。当爱情的伊甸园危机四伏时，是坚守还是突围呢？突围后又是否能有个灿烂的未来呢？越来越多的女人为此举棋不定，日夜嗟叹。

"爱到尽头，覆水难收"，勉强维持没有爱情的关系是没有意义的。有时候，放手也是一种明智。一个不想失去你的人，未必是能和你一直相守到老的。可是，占有欲太强，也会做出各种不理智的事情。

其实，当爱情已经走到了"灰飞烟灭"的尽头，无论你如何费尽心力去维持它，都于事无补。爱是一种自自然然的感觉，爱散了、淡了、完了，就随它去吧，何必"死缠烂打""寻死觅活"呢？对于一个已经不爱你的人，坚持又有什么意义呢？"天涯何处无芳草，何必单恋一棵草"，曾经以为是天长地久，到头才发现只是萍水相逢，他只是你生命中的过客，并非那个注定要为你驻留的人，又何必太在意他的离去呢？生命中总会有人与你擦肩而过，何必苦苦让自己在一棵树上吊死呢？倒不如放手，给他也给

自己一片广阔的蓝天，这样你的生活才能过得更好。

芊芊曾经听妈妈讲过她和爸爸之间的爱情故事，很美、很浪漫。她为此感到骄傲：自己的父母是因为爱而结婚的！甚至在一年之前，她仍然认为他们会一直相爱到白头。可理想和现实终究是有距离的。

那是一个飘雪的冬日。清晨，她被爸妈的争吵声惊醒。她走出房门，见爸爸正在穿大衣。

"这么早，你要去哪儿？"她想拦下爸爸。

"这个家已经没有我的容身之地了！"爸爸大吼着冲了出去。

妈妈倒在沙发上，无声地哭泣着。自那以后，爸妈天天吵、时时吵、刻刻吵。她不得不充当和事佬的角色，不停地去平息他们的战火。如此持续了几个月，大家都已经筋疲力尽了。突然有一段日子，他们不再吵了，而是变得相敬如"冰"，谁都懒得多看对方一眼。爸爸日日晚归，有时整夜都不回家。妈妈还是原来的样子，照常做饭洗衣，只是郁郁寡欢，难得一笑。

一天，芊芊实在忍不住了。"你们离婚吧。你们早就想这样了不是吗？只不过碍于我而迟迟不下决定。实际上我没有你们想得那么脆弱。既然不再相爱，何苦硬是凑在一起？即使你们离婚，也仍是我的爸爸妈妈，我也仍然是你们的女儿。"

妈妈哭了，这芊芊早就料到了，但她不曾想到的是，爸爸竟然也流下了眼泪！

半个月之后，爸爸搬出了他们曾经共有的家。芊芊现在生活得很自在，她的爸爸妈妈也过得很快乐。

爱情没有尺度来衡量，婚姻没有标准来量化。如果爱就要学会宽容，学会等待。爱情就像做菜，适时地添加佐料才有美感。如果这份爱走到尽头，没有挽回的余地，那就放手吧。爱过知情重，如果实在难以割舍。那么告诉自己，放手也是因为太爱他，然后，将这份情深深地埋在心里，等待时间告诉你一切的结果——那就是，生活并不需要无谓的执着，没有什么不能被真正割舍。

没有放不下的情，只有活不明白的人

有人这样问："爱情没有了，回忆起来甜蜜多一点儿还是痛苦多一点儿？"我们常常会遇到这样的问题，很多人觉得失去了当然是痛苦大于幸福，想起分手时的那些伤害，想起痛苦的流泪都会让人心中作痛。而有一个人却说："分手了，我记得最多的还是甜蜜，因为我忘记了那个人和那些痛苦，留在记忆里最多的还是曾经有一份很美的爱情。"的确，很多时候，我们伤心、痛苦的时候，最多的还是因为我们无法忘记，无法忘记那些伤痛和失意，那些记忆犹如明镜一般被我们悬挂起来，每天都在看，每时都在想，这样的话我们又怎能快乐呢？所以，在失意的时候，人当学会忘记，忘记那些不快，才能够真正地快乐，才能开始新的一页。

生于尘世，每个人都不可避免地要经历苦雨凄风，面对艰难困苦，想开了就是天堂，想不开就是地狱。而忘记就是一服良药，愈合你的伤口，怀着新的希望上路。

人的一生，就像一趟旅行，沿途中有数不尽的坎坷泥泞，但也有看不完的春花秋月。如果我们的一颗心总是被灰暗的风尘所覆盖，干涸了心泉、暗淡了目光、失去了生机、丧失了斗志，我们的人生轨迹岂能美好？而如果我们能保持一种健康向上的心态，即使我们身处逆境、四面楚歌，也一定会有"山重水复疑无路，柳暗花明又一村"的那一天。

悲观失望者一时的呻吟与哀叹虽然能得到短暂的同情与怜悯，但最终的结果必然是别人的鄙夷与厌烦；而乐观上进的人，经过长期的忍耐与奋斗，最终赢得的将不仅仅是鲜花与掌声，还有那饱含敬意的目光。

虽然每个人的人生际遇不尽相同，但命运对每一个人都是公平的。因为窗外有土也有星，就看你能不能磨砺一颗坚强的心、一双智慧的眼，透过岁月的尘寻觅到辉煌灿烂的星星。只不过你永远忘不掉曾经的荆棘，所以你总畏惧前行。

很多人在失意的时候学会了抱怨，学会了沉沦。忘不掉别人给予的伤痛，莫过于拿别人的错误来惩罚自己。就如失恋，不是因为你自己不够优秀，也不是因为你自己倒霉，而是你在错误的时间遇到了不适合的人，分开很正常，因为你需要腾出时间和位置去给那个适合的人，但是在你沉沦的那一刻起，你的记忆力装满的都是曾经的伤,又怎能给新的那个人空间呢?所以,一个塞满了旧的回忆的大脑,永远无法让新鲜的东西容进来。

在生活中,有很多的无奈要我们去面对,有很多的道路需要我们去选择。忘记一些原本不应该属于自己的,去把握和珍惜真正属于自己的,去追寻前方更加美好的!忘记一些烦琐,为大脑减负;忘记那些怅惘,为了轻快地歌唱;忘记一段凄美,为了轻柔的梦想。忘记,是一种伤感,但更是一种美丽。

一 失去的是恋情,得到的是成长

虽然把婚姻当作恋爱的终极目标有些狭隘,但不可否认的是绝大多数恋情顺利的男女会最终走入婚姻的殿堂。而那些没有结婚的情侣则大多是因为感情破裂,也就是我们经常所说的失恋。失恋是一件让人揪心的事,很多人尤其是初尝爱情的人总是觉得痛不欲生。但这份让你心痛难耐的情愫可以成为你真正成熟的契机。经历过失恋,并且最终摆脱痛苦,才能让人以更加成熟和从容的态度对待感情。虽然不能让你以后的感情生活一帆风顺,却能让你感觉到内心的成长。

有人说初恋是轻音乐,热恋是狂想曲,那么失恋呢?失恋可能是令人难忘也难眠的小夜曲。尽管谁都不愿意失恋,但从人们恋爱的总体上说,失恋是难以避免的。失恋是痛苦的,但在这种痛苦面前，有的人能做出理智的选择，有的人则陷入了情感冲动的泥潭，严重地影响了自己的正常生活。

琳达和男朋友分手了，处在情绪低落中，从他告诉她应该停止见面的那一刻起，琳达就觉得自己整个人都被毁了。她吃不下睡不着，工作时注意力无法集中，人一下子消瘦了许多，有些人甚至认不出琳达来。

琳达来到当初与男友约会的公园里，伤心地哭了起来，她哭得很悲戚。她不明白为什么男孩不再爱她了。渐渐地，她由伤心变成了不甘心，又由不甘心变成了怨恨，她不甘心自己的爱为什么不能换来同样的回报，她怨恨他太狠心，太无情。她越哭越悲伤，难以遏止，陷于强烈的失落、自卑和悔怨中不能自拔。

一个长者知道她为什么而哭之后，并没有安慰，而是笑道："你不过是损失了一个不爱你的人，而他损失的是一个爱他的人。他的损失比你大，你恨他做什么？不甘心的人应该是他呀。再说，他已经不爱你了，你还要伤心、怨恨，还想让这份失败的感情阻碍你今后的生活吗？"琳达听了这话，忽然一愣，转而恍然大悟。她慢慢擦干泪，决定重新振作，投入新的生活。

是啊，当爱情离我们远去的时候，我们要尽力挽留；当我们无法挽留的时候，最好的处理方式，就是忘掉，忘掉以前的愉快和不愉快。当我们学会了忘记，才会真正地解脱，才会学会宽容。有人说，经历了真正的爱之后，人才会成熟。

实际上，一个人只有通过一次真正的失恋痛苦和折磨，才会开始成熟起来。爱情毕竟不是生活的全部，人生更重要的是对理想、事业的追求。失恋也并非完全是坏事，可以促进心理的发展和成熟。不论结果如何，只要我们真心付出过，坦诚地对待过，也就不会有什么后悔的地方。成熟的心志，才会产生成熟的感情。青涩年华产生的爱情，单纯而无比美妙，但是，它通常很难经得起岁月的考验，很难历练成恒久、深沉的真爱，就让那些过去成为美好的回忆吧。

失恋者需要清醒明白，感情既然"变质"就不可挽回，要尝试着接受这一心灵创伤。一些人不愿正视失恋的现实，认为很"丢面子"。他们往往会钻"牛角尖"，一方面觉得对方对不起自己，另一方面却认为一定是自己哪方面不好才会被"甩"。其实，失恋的结局是一样的，而导致失恋的原因却是千差万别。失恋给人们留下一段伤心的回忆，怎样才能尽快消除痛苦感呢？这里有应对失恋的一些具体方法，或许对失恋者有一定的帮助。

1. 比较疗法——比比谁最惨

看看灾难影片，感受里面那些生离死别的惨痛，感悟现实中还有很多令人悲怜的人和事。想一想在这个世界上，绝非自己一个人经历此痛，这样对比就会觉得平衡一些。

2. "罪状"加强法——挖掘对方缺点

失恋后，可以擦亮双眼，清醒地翻翻"旧账"。想想对方的恶言劣行、寡义薄情，使自己越来越讨厌他，虽说不至于到咬牙切齿的程度，但是你肯定是更客观了。

3. 思考中断法——转移注意力。

失恋者情绪消沉、寂寞无助是正常的，但沉迷于往事中不能自拔就是过度了。一旦睹物思人，请有意识地"叫停"，以中断回忆，将注意力拉回到现实中。

4. 建立信心法——自我快乐

失恋后的某些人会否定自我形象，甚者自信心也会发生动摇。其实，不管怎样，到什么时候爱自己都应该是坚定不移的。改变一下发式，买两套新装，让新鲜艳丽改变自己的心情。

5. 投注工作法——收之桑榆

恋爱是一件需要投入精力的事情，分心是不可避免的，而失恋后一切复归，又可以全心专注于工作或事业上了。"化伤心为力量"，努力地"建设"自己，使自己成为具备更好条件和资本的优秀者，还怕无人赏识吗？既然上天关了这扇门，就会为你再打开另一扇门。做一个有心者，等待合适的机会吧！

6. 融入朋友法——恢复本色

恋爱期间"重色轻友"，现在恢复"单身"，还不趁此机会与老朋友们相聚，有谁会像老朋友一样了解你、包容你又心疼你呢？跟他们在一起，你不用掩饰什么，没有空余去品尝失恋之后的苦涩，有助于你重新找回良好的感觉。

果断地放下爱得太辛苦的人

有一位男士和女友经常为一些鸡毛蒜皮的小事争吵,渐渐地,两人之间便产生了裂痕。明知相处已无意义,可谁也不忍提出分手。为此,双方痛苦不堪。

有一天,这位男士去拜访一位心理学教授。教授听完他的讲述,微微点了点头,起身从卧室找出一个空花瓶,将一个橘子丢入其中,让他用手伸进去把橘子拿出来。结果,手伸进去了,橘子却拿不出来。因为瓶口比抓住了橘子的拳头要小。"怎么样,拿不出来吧。你想抓住橘子,橘子也借瓶口套牢了你的手。若你松开它,你的手怎样伸进去的,还能怎样出来。现在,你和你的女友已经无法和睦相处了,你还想抓住她,结果,你把自己也囚禁了,如果你能再理智一些,趁早放手,不仅放开了她,你也可以放开自己了。"教授意味深长地说。

两个人相处就像两只互相靠着取暖的刺猬,离得太远,会觉得冷;靠得太近,难免又会刺伤对方。尤其是在两个个性与情感都不合的男女之间,一旦在感情上失去了默契仍然坚持在一起只会伤害彼此。也许你小的时候玩过这样一个游戏,抓两只蜻蜓,拿一根线把两只蜻蜓分别绑在线的两端。如果蜻蜓齐心合力便可以飞起来,如果它们分别向着不同的方向飞,不仅无法飞走,而且会被彼此牵制得筋疲力尽。

两个人在一起，也许最大的伤害不是分手，而是难以和谐的时候还硬生生地绑在一起。许多的事情，总是在经历过以后才会懂得。一如感情，痛过了，才会懂得如何保护自己；傻过了，才会懂得适时地坚持与放弃，在得到与失去中我们慢慢地认识自己。其实，生活并不需要那么多无谓的执着，没有什么是真的不能割舍。学会放弃，生活会更容易。

感情是一份没有答案的问卷，苦苦的追寻并不能让生活更圆满。也许一点儿遗憾，一丝伤感，会让这份答卷更隽永，也更久远。收拾起心情，继续走吧，错过花，你将收获雨。正如一位智者所说的那样，如果你没有得到你想要的，你就会得到更好的。继续走吧，最终你将收获属于自己的美丽。

一 缘分不可强求，是聚是散都应随缘

缘分是一种可遇而不可求的东西，其珍贵程度不亚于黄金珠宝。

有一位美丽、温柔的女孩，身边不乏追求者，但她遇到了漂亮女孩常有的难题：在同样优秀的两个男孩中应该选择谁？锋长得帅气，很开朗很幽默。宇也不错，很善良，只是内向和羞涩，不善表现自己。

在心底，她喜欢宇。但她不知宇对她的爱有多深。于是，她决定等情人节再做出选择。她想：要是宇送来玫瑰，或跟她说

"我爱你"，那么，她就选宇。

但是，现实总不能如愿。

情人节那天，送来玫瑰并说"我爱你"的是锋，不是宇。宇只给她送来一只鹦鹉，一直深信缘分的她颇感失望。女友来访，她随手就将那只鹦鹉给了女友。她说，是缘分叫她选择锋。

几个月后，女孩偶遇女友，女友啧啧地说，那只鹦鹉笨死了，一天到晚只会说"我爱你、我爱你"，吵死了！女友说得轻描淡写，于她却像一个晴天霹雳……那可是宇送给她的呀！

情海中，缘分来来去去，更只在一念之间：有心，即有缘；无意，即无缘。人们常说，机会靠人创造。所谓缘分，何尝不如是？

有时候，缘，如同诗人席慕容笔下的《一棵开花的树》那样令人心痛，不可捉摸：

如何让你遇见我

在我最美丽的时刻

为这

我已在佛前求了五百年

求佛让我们结一段尘缘

佛于是把我化作一棵树

长在你必经的路旁

阳光下

慎重地开满了花

朵朵都是我前世的盼望

当你走近

请你细听

那颤抖的叶

是我等待的热情

而当你终于无视地走过

在你身后落了一地的

朋友啊

那不是花瓣

那是我凋零的心

人生之中，你孜孜以求的缘，或许终其一生也得不到，而你不曾期待的缘反而会在你淡泊宁静中不期而至。古语云："有缘千里来相会，无缘对面不相识。"所谓缘分就是让呼吸者与被呼吸者，爱者与被爱者在阳光、空气和水之中不期而遇。有缘分的人是幸福的，没缘分的人也是够无奈的。

"十年修得同船渡，百年修得共枕眠。"人世间有多少人能有缘从相许走进相爱，从相爱走完相守，走过这酸甜苦辣、五味俱全的漫漫一生呢？红尘看破了不过是沉浮；生命看破了不过是无常；爱情看破了不过是聚散罢了。而在聚散离合之间，又充盈了多少悲欢交集的缘分啊。

爱情讲究缘分，但缘分在于把握和珍惜。真正惜缘的人，会认为它是来之不易的，是上天给予的恩赐，从而倍加呵护。

一 给爱一条生路，也是给自己一条生路

24岁的张华和男友经历了五年的恋爱长跑，其间有过无数次的争争吵吵，分分合合，可最后两个人还是在一起。就在两个人快要结婚的前一个月，因为一些生活习惯的问题再次爆发了激烈的争吵。

以前数次的争吵，总是过不了多久就会重归于好，可这次，张华觉得两个人都属于个性极强、急性子的人，以后遇到矛盾谁能忍让呢？难道结婚以后也一直这么吵下去吗？她已经对这种周而复始的争吵厌倦了。

她想起过去买的一双鞋子，很漂亮，像一双精致的工艺品。就是因为太喜欢那双鞋子了，当初试穿时虽然左脚有些挤脚，可店里又没有第二双了，她还是买了下来，以为多穿穿就会适应了。

没想到过了很久，还是不合脚。每次穿着它出门都得忍受疼痛，回到家左脚的脚趾都会红肿。后来这双鞋子只好一直放在鞋柜里，每次换鞋时看到它，都会遗憾地摩挲一下它精致的鞋面。

张华现在看到她的男友，就会想起那双鞋子。当初在一起时，只是出于爱慕，但并不了解男友是否适合她。当她发现两个人彼此不合适的时候，在一起已经太久了，谁也不忍轻易放弃，维系两人关系的其实只是一种不舍的心情。漫长的五年并没有使两个人和谐相处，而依恋却很深。就这样两人走进了一个死胡同，只

要两个人在一起，就不免摩擦得血迹斑斑，然而时间越长，就越不舍，于是两个人在伤口愈合后，又开始彼此之间新的伤害。

可惜无论在一起多久，不合适的终究不合适，就像那双鞋子，多穿一次，并不能让它更合脚一些，而只是让自己多经受一次痛苦。所以当你发现自己喜欢的鞋子并不合脚的时候，应该果断地把它丢弃。

选择恋人如同选择鞋子，只有合脚的才是最好的。往往你很懂得选择。无论是简单的购物，还是对于工作、学习、生活的选择。而当遇见爱情的时候，你却忘记了选择，或不会选择了。在爱的选择中，人们常常做出愚蠢的举动。

不要忘记，爱也是可以选择的。如果想要拥有一份真正的爱情，也需要我们像买东西一样精心挑选。如若出现了什么问题，我们一样也要退换，不要在抱怨声中滞留。

爱情也是会出现质量问题的。毕竟爱情是两个人的事情，彼此个性的不同会使爱情中产生很多问题。爱情的保质期究竟有多长，判断爱情消逝的标准又是什么，很多人都在研究。

当你的另一半已经品性不端，或者三心二意、对你冷漠的时候，很显然，你们的爱情已经出现了问题。如果可以补救，那固然很好，可是有时爱情已经变质到无法挽回，这时硬在一起也没有好结果，甚至容易因爱生恨。那么我们为什么不去做新的选择，放爱一条生路呢？

人生风云变化难测，更何况是不能用理性评判的爱情呢？不知你有没有想过，明知爱已经不在，可就是不肯放手，原因是什么呢？"我就是要死拽着他，死也要拖死他！"当你说这句话的时候，很显然，不仅仅是他已经不爱你了，你也已经对他没有了爱。那么不放手的原因就是不甘心，不正确的自尊让你变得糊涂，让你执拗地牵拽着对方去继续已经没有结果的事情。筋疲力尽的牵拽甚至可能让你变得疯狂，更加没有理性，做出一些过激的行为，从而使自尊丧失，甚至想回头都悔之晚矣。早知如此，何不及时放手做出新的选择。洒脱地爱，洒脱地放手，才能拥有真正的爱情。

在爱情上不要犯傻，要时刻警醒自己，爱也是可以选择的。在放手的同时，也是给予了自己一次新的选择的机会。

给爱一条生路，也是给自己一条生路。

拥有时珍惜，失去时祝福

人生在世，爱情全仗缘分，缘来缘去，不一定需要追究谁对谁错。爱与不爱又有谁可以说得清？当爱着的时候只管尽情地去爱，当爱失去的时候，就潇洒地挥一挥手吧！人生短短几十年而已，自己的命运把握在自己手中，没必要在乎得与失、拥有与放弃、热恋与分离。

有这样一对性格不合的夫妇，丈夫八次提出离婚要求，而妻子就是死活不离。在法院判决中,女方总是胜诉,就这样一直拖了29年。29年的岁月过去了,这位妇女的青春年华在拖延不决中消失了,乌黑的头发已成白发,红润的脸颊变黄了,刻上了一道道岁月的伤痕,身体也被折磨得满身病痛。由于妻子的坚持,婚姻仍然存在,然而爱情早已荡然无存。她失去了幸福的家庭,失去了自己的青春,失去了健康的身体,也失去了再婚的机会,孩子也没有因此得到真正的父爱。最后,法院还是判离了。离婚后不到两年,这位不幸的妇女就因病情加重而离开了人世。

学会放弃,在落泪以前转身离去,留下简单的背影;学会放弃,将昨天埋在心底,留下最美的回忆;学会放弃,让彼此都能有个更轻松的开始,遍体鳞伤的爱并不一定就能刻骨铭心。这一程情深缘浅,走到今天,已经不容易,轻轻地抽出手,说声再见,真的很感谢,这一路上有你。曾说过爱你的,今天仍是爱你。只是爱你,却不能与你在一起。一如爱那原野的火百合,爱它,却不能携它归去。

每一份感情都很美,每一程相伴也都令人迷醉。是不能拥有的遗憾让我们更感缱绻;是夜半无眠的思念让我们更觉留恋。感情是一份没有答案的问卷,苦苦地追寻并不能让生活更圆满。也许一点遗憾、一丝伤感,会让这份答卷更隽永,也更久远。

爱情不是永久保证书。但你可以保证洒脱与幸福。很多时候我们以为自己失去了很多,所以很伤悲,其实不用这么悲伤,当我们错过了这个,实际上已经得到那个,比如一份感情,我们痛惜曾经那么深爱的人分开,其实分开就一定有分开的理由,大可不必那样伤怀,不合适的时候大家彼此放手实际上也是一种理智。只有放弃这份不合适的感情,才可能得到以后真正属于你的感情,失去的同时也是为下一次的得到打下基础。我们又何必悲哀呢?

当真正失去的时候,我们不要沉浸在自己设置的伤感氛围中无法自拔,其实很多的痛苦是自找的,你只要想着当你错过花的时候你就会收获雨,错过了他,我才遇到你,因为上一次的失败才使得现在成功,人要背着自己的行囊不断前行,而不是停止脚步会不断地吮吸自己的伤疤。缱绻人生,遗憾其实是一份很不错的答卷。

放手错误的爱,留下淡淡余香

她是一个美丽、温柔的女孩,却曾为一个男人自杀。

他提出分手,她在电话里跟他吵架,要他回到她身边。

他说:"很多事是不能勉强的。"

于是,女孩愤然用刀割开了自己的手腕。

女孩没有死,他也没有回到她身边。

她说她不后悔,她说那个时候的她的确可以为他死,不过,现在她不会那么做了,不会为任何一个男人。

不错,你问问那些为男人轻生的女人,她们的动机是出于爱,还是她们不能忍受被对方抛弃?

一个女人因为一个男人的离开而自寻短见，只有一个原因，就是除了他以外，她一无所有，那时，她真的一无所有，像抓住一根稻草一样想抓住他。如今，她是一家大企业老板，拥有越来越多的雇员，就越舍不得死。

一无所有的人，才会觉得活着没有意思。寻死，不过是惩罚对方的一种手段，毫不足惜，那并不是为情自杀，而是为惩罚别人而自杀。

勉强的爱情不会幸福，为对方的离去而制造悲剧的人也并非缘于真爱。爱，需要豁达，实在抓不住爱，就轻轻放手吧。生活是多姿多彩的，爱情只不过是人生旅途上的一个里程碑。当你面临失恋的痛苦时，不必悲伤，身边还有更多美好的东西，可以医治失恋的创伤，冲洗掉一切烦恼、痛苦和惆怅、失意的情绪。

恩格斯在21岁那年，曾失恋过一次。他在自己的日记中写道："还有什么比失恋更高尚和更崇高的痛苦——爱情的痛苦更有权利向美丽的大自然倾诉！"他果然去向大自然倾诉了，他越过了阿尔卑斯山，又到了意大利，很快在大自然的怀抱中医治了心灵的创伤，达到了心理的平衡。普希金在失恋后也远走高加索，参加对土耳其作战的行列，在硝烟弥漫中冲洗掉失恋的惆怅。试想，一个经过生命与死亡痛苦挣扎的人，还会怕其他痛苦吗，有什么痛苦能比死亡更痛苦？相比之下，失恋的痛苦只不过是像被蚂蚁叮过一样，只是有点微痛而已。

文学巨匠歌德才华出众，他一生经历了十几次恋爱，每次他都全心地投入，把自己全部的热情奉献给对方，但一次又一次都未取回感情的"投资"。当他意识到爱情已面临破灭的边缘，有可能给对方带来灾难时，他立即从对方身边离开，不给对方带来痛苦，也及时地挽救了自己。

23岁那年，他又深深地爱上了一个叫夏绿蒂的少女，哪知她已经有了未婚夫，歌德又一次遭受沉重的打击，只好默默地离去。这已经是他的第五次失恋了。为此他痛苦至极，把一把匕首放在枕头底下，几次想到自杀。后来，他把全部的精力投身到文学创作中去，以工作热情补偿了感情上的失落，以事业的成功补偿了失恋的痛苦，也及时地挽救了自己。

失恋并不意味着永远失去幸福，失去感情生活。感情满足的方式也不仅仅是爱情、亲情、友情，甚至来自工作、学习的快乐也可以补偿因失恋造成的心理平衡。

"失去了她，我才遇见你"，这是一份无法企及的美丽。多一分坚强，失恋的人照样可以光鲜亮丽地生活，因为生命比我们预料的要顽强、要博大。

一 别把感情浪费在不适合自己的人身上

在巴黎市中心的两条大街的交叉口，有一座名为《巴尔扎克纪念碑》的塑像。这座塑像上的巴尔扎克昂着头，用嘲笑和蔑视的目光注视着眼前光怪陆离的花花世界。然而巴尔扎克像没有双手,这是怎么回事呢?

这座塑像是近代欧洲雕塑大师罗丹的作品。

为了创作出这件作品,理解和体会这位《人间喜剧》作者的思想感情,表达出巴尔扎克的内在神韵,罗丹仔细阅读了巴尔扎克的全部重要作品,认真钻研了有关巴尔扎克的评论文章和传记作品。

不仅如此,罗丹对塑像的创作所持的态度也极端认真。当时塑像的委托者限定18个月完成,并给了罗丹一万法郎定金。罗丹为了避免时间仓促而做得粗制滥造,退回了一万法郎,并要求多给他一些时间。

在塑像的创作过程中,罗丹还经常征求别人的意见。

一天深夜,罗丹在他的工作室里刚刚完成巴尔扎克的雕像,独自在那里欣赏。他面前的巴尔扎克身穿一件长袍,双手在胸前叠合,表现出一种一往无前的气势。兴奋的罗丹迫不及待地叫醒一名学生,让他来评价自己的作品。

这位学生怀着惊喜的心情欣赏着老师的杰作,目光渐渐地集中在雕像的那双手上。"妙极了,老师!"这位学生叫道,"我从来没有见过这样一双奇妙的手啊!"听到这样的赞美,罗丹脸上的笑容消失了。他匆匆跑出工作室,又拖来另一个学生。"只有上帝才能创造出这样一双手,它们简直和活的一样。"学生用虔诚的口吻说道。罗丹的表情更加不自然了,他又叫来第三个学生。这个学生面对雕像，用同样尊敬的口气说："老师，单凭您塑造的这双手，就可以使您名垂千古了。"

此时的罗丹已经变得异常激动，他不安地在屋内走来走去，反复端详这尊雕像。突然，他抡起锤子，果断地砍掉了那双"举世无双的完美的手"。学生们惊讶于老师的举动，一时不知说什么才好。

罗丹用平静的口气对他们说："孩子们，这双手太突出了，它们已经有了自己的生命，不属于这座雕像的整体了。"

罗丹是明智的，不留恋最完美的，只根据自己的需要进行选择。

生活中，选择恋人何尝不是如此。漂亮的、英俊的、有钱的……但不适合自己又何谈幸福呢？

爱情绝不是生命的全部，除此之外我们还有更多的事情需要去做，不必在此浪费时间，特别是不要把感情浪费在不合适的人身上。当你感觉对方不合适时可以选择离开，而不是被迫离开，虽然可能会落得个被抛弃的名声，但这又何尝不是一种洒脱呢？

一个女孩发现和自己订婚的男孩爱上了另一个女孩，并且自己可能无法令这个男孩回心转意了。于是她将自己打扮得非常动人，然后约他见面。他看见她的样子，竟被迷住了。然而她在这最美的时候向他提出了分手，最后离开，留给了他一个洒脱的背影。他开始后悔了，而她，却因为主动提出分手，为自己留下了尊严和一份从容。

当你发现对方不适合自己了，不要一味地忍让包容，这样只会纵容对方。受了伤害，就有权离开。不爱了，就要果断。和不适合的人分开，才会给自己机会去遇见合适的人。

选择终身伴侣更要讲究适合自己，适合自己的一个前提是：对方是个"自由身"。"自由身"就是可以自由和你交往，没有结婚、没有订婚、没有固定的交往对象、单身并且只和你交往的人。如果你爱上的男人答应会早点和另一个女人分手；或是他说他不爱那个女人，他爱的是你；或是他原来的对象接受你的存在，他们不打算分手，但他想跟你在一起一阵子；或是他刚分手，但可能破镜重圆……这些都不是"自由身"。

感情是珍贵而又容易枯竭的，请珍惜你的感情，别把它浪费在不适合的人身上，而将它投注到合适的人身上。果断地丢弃不合脚的鞋，唯有如此，你的感情才能开花结果，否则你将收获无尽的伤痛与悔恨。

图书在版编目(CIP)数据

不值得定律：如何在纠结的世界活出不纠结的人生 /
李文静著. — 北京：中国华侨出版社，2021.3（2021.5 重印）
ISBN 978-7-5113-8312-9

Ⅰ.①不… Ⅱ.①李… Ⅲ.①人生哲学–通俗读物
Ⅳ.① B821-49

中国版本图书馆 CIP 数据核字（2020）第 174984 号

不值得定律：如何在纠结的世界活出不纠结的人生

著　　者 / 李文静
责任编辑 / 姜薇薇
封面设计 / 冬　凡
文字编辑 / 胡宝林
美术编辑 / 李丹丹
经　　销 / 新华书店
开　　本 / 880mm×1230mm　1/32　印张 / 7.5　字数 / 170 千字
印　　刷 / 三河市京兰印务有限公司
版　　次 / 2021 年 3 月第 1 版　　2021 年 10 月第 3 次印刷
书　　号 / ISBN 978-7-5113-8312-9
定　　价 / 38.00 元

中国华侨出版社　北京市朝阳区西坝河东里 77 号楼底商 5 号　邮编：100028
法律顾问：陈鹰律师事务所
发行部：（010）88893001　　　传　真：（010）62707370

如果发现印装质量问题，影响阅读，请与印刷厂联系调换。